DK 677.02

FORSCHUNGSBERICHTE
DES LANDES NORDRHEIN-WESTFALEN

Herausgegeben durch das Kultusministerium

Nr. 917

Oberingenieur Herbert Stein
Ingenieur Gerhard Hoischen

Institut für textile Meßtechnik M.-Gladbach e. V., Mönchengladbach

Ermittlung der Vorgänge beim Benetzen und Trocknen von Fäden unter besonderer Berücksichtigung der Arbeitsweise von Schlichtmaschinen

Als Manuskript gedruckt

WESTDEUTSCHER VERLAG / KÖLN UND OPLADEN

1960

ISBN 978-3-663-03636-4 ISBN 978-3-663-04825-1 (eBook)
DOI 10.1007/978-3-663-04825-1

Gliederung

1. Vorwort .... S. 5
2. Aufgabenstellung .... S. 5
3. Aufbau der Schlichtmaschine .... S. 7
    3.1 Zettel- (Schär-)baum-Anordnungen .... S. 7
    3.2 Schlichtetrog mit Quetschwerk .... S. 8
    3.3 Trockenvorrichtungen .... S. 8
    3.4 Bäummaschine .... S. 10
4. Verwendete Prüfanordnungen .... S. 10
    4.1 Festigkeitsprüfgerät mit wegloser Kraft-
        meßeinrichtung "Statigraph" .... S. 10
    4.2 FRENZEL-HAHN-Garnprüfmaschine mit Zusatzein-
        richtungen .... S. 11
    4.3 Fadenspannungsmeßgerät "Elmataster" .... S. 14
    4.4 Elektro-motorische Fadenwinde "Elfawinde" .... S. 14
5. Durchgeführte Untersuchungen .... S. 16
    5.1 Laboratoriumsversuche .... S. 16
        5.11 Kraftdehnungseigenschaften des Test-
             materials .... S. 17
        5.12 Anordnung und Einsatz der Prüfmaschine .... S. 18
        5.13 Auswirkung der Vorlaufspannung bei ver-
             schiedenen Anordnungen der Fadenzuführung
             auf die Belastung des Fadens in der
             Trockenzone .... S. 22
        5.14 Veränderung der Kraftdehnungseigenschaften
             beim Netzen und Trocknen unter Einwirkung
             von Zugspannungen .... S. 28
        5.15 Besprechung der Ergebnisse .... S. 35
    5.2 Untersuchungen im praktischen Betrieb .... S. 38
        5.21 Ablauf- und Bremsanordnungen für Zettelbäume ... S. 40
            5.211 Übliche Gestellanordnungen und Brems-
                  vorrichtungen .... S. 40
            5.212 Elektrische Bremsmaschinen .... S. 42
            5.213 Zwangsläufiger Antrieb der Zettelbäume ... S. 44

5.22 Fadenspannungsmessungen an Kettfäden
vor dem Schlichtetrog . . . . S. 45

    5.221 Zeitliche Zugspannungsänderungen . . . . S. 46

    5.222 Unterschiedliche Bremsung einzelner
Zettelbäume . . . . S. 50

    5.223 Unterschied von Faden zu Faden bei
einem Zettelbaum . . . . S. 52

5.23 Führung der Kette am Schlichtetrog . . . . S. 53

5.24 Einfluß der Vorlaufspannung auf die Zugbelastung in der Trockenzone. . . . . S. 56

5.25 Fadenspannungsmessungen hinter dem Teilfeld
und an der Bäumvorrichtung . . . . S. 60

5.26 Veränderung der Dehnungseigenschaften
durch den Schlichteprozeß . . . . S. 63

    5.261 Baumwolle . . . . S. 63

    5.262 Zellwolle . . . . S. 66

    5.263 Reyon . . . . S. 70

6. Gleichstrom-Mehrmotorenantrieb . . . . S. 73

7. Zusammenfassung . . . . S. 75

8. Literaturverzeichnis . . . . S. 78

1. Vorwort

Das Institut für textile Meßtechnik befaßt sich unter anderem mit Beobachtungen und meßtechnischen Untersuchungen über den Ablauf der Arbeitsvorgänge bei verschiedenen Webereivorbereitungsmaschinen. In diesem Zusammenhang wurden auch die durch Zugspannungen auf das verarbeitete Fadenmaterial bewirkten Veränderungen der Kraftdehnungseigenschaften studiert. Der vorliegende Bericht gibt Kenntnis von dem Ergebnis der Arbeiten, welche einer Klärung der sich beim Benetzen und Trocknen von laufend bewegten Fäden abspielenden Vorgänge dienten. Dabei waren die im praktischen Betrieb bei Schlichtmaschinen vorliegenden Gegebenheiten zu berücksichtigen.

Außer den Verfassern haben bei der Durchführung der Versuche im Laboratorium und im praktischen Betrieb, bei der Auswertung und Zusammenstellung der Meßergebnisse mitgewirkt, die Herren

Ing. M. EIDELSBURGER

Ing. H. van der WEYDEN

und die Textillaborantin

Fräulein I. KÄHN.

An dieser Stelle ist allen Firmen zu danken, welche die Durchführung von Untersuchungen in ihren Betrieben gestatteten, außerdem den Fachleuten, welche die Arbeiten des ITM mit sach- und fachkundigem Rat unterstützten.

2. Aufgabenstellung

Bei der Bearbeitung eines Forschungsvorhabens sind gemeinsam mit einem größeren süddeutschen Textilbetrieb bereits zu einem früherem Zeitpunkt Untersuchungen an Schlichtmaschinen durchgeführt worden. Sie galten Beobachtungen über das Verhalten von Zellwollmaterial während der Verarbeitung und der Ermittlung von Veränderungen der Dehnungseigenschaften für die im nassen und trockenen Zustand Zugspannungen unterworfenen Zellwollgespinste [1]. Die hierbei getroffenen Feststellungen gaben Veranlassung zu einer weiteren Beschäftigung mit den Problemen der Schlichterei.

Ermittlungen über die Kraftdehnungseigenschaften eines zur Weiterverarbeitung in Weberei und Wirkerei vorliegenden Fadenmaterials im trockenen und im nassen Zustand werden im allgemeinen an zwischen zwei Klemmen fest eingespannten Prüflingen getroffen. Eine solche Untersuchungsmethode entspricht nicht den bei Schlichtmaschinen vorliegenden Verhältnissen. Hier wird die Kettbahn laufend gefördert und die dabei wirksamen Zugspannungen treffen die bewegten Fäden. Sollen mit diesen Vorgängen im Zusammenhang stehende Fragen durch Laboratoriumsversuche geklärt werden, dann ist eine Prüfmaschine aufzubauen, bei welcher der Faden ebenfalls laufend durch die Prüfstrecke geführt und dabei Zugbeanspruchungen unterworfen wird. Durch Vergleichsversuche bleibt zu klären, wieweit sich damit die Vorgänge in der Praxis nachahmen lassen.

Auf das Verhalten während der Verarbeitung und die hierdurch verursachten Veränderungen nehmen die Materialeigenschaften einen maßgeblichen Einfluß. Außer Zellwollgespinsten waren deshalb, entsprechend den in der Betriebspraxis für eine Behandlung auf einer Schlichtmaschine vorwiegend in Frage kommenden Fadenmaterialien, in die Untersuchungen auch Baumwollgespinste und Reyon einzubeziehen.

Durch Versuche im Laboratorium und im praktischen Betrieb sollten Feststellungen getroffen werden über:

a) den Einfluß des Getriebeverzugs (Dehnungseinstellung) zwischen Schlichtetrog und Bäumgestell (Trockenzone) auf die sich hier in den einzelnen Fäden bzw. in der Kettbahn ausbildenden Zugspannungen

b) die Auswirkungen der Vorlaufspannungen, mit denen das Fadenmaterial dem Schlichtetrog zugeführt wird, auf die Vorgänge in der Trockenzone.

c) die Abhängigkeit der Vorlaufspannungen von der angewandten Zettelbaumbremsung und der Kettbahnführung an den Zettelbäumen.

d) den Einfluß der Materialeigenschaften (Baumwolle, Zellwolle, Reyon) und des Materialzustandes (trocken, naß)

e) die Möglichkeit eines Ausgleichs von Fadenzugänderungen vor dem Schlichtetrog durch Verwendung einer angetriebenen Vorlaufwalze

f) die Veränderungen der Dehnungseigenschaften abhängig von dem Aufbau und der Einstellung der Schlichtmaschine getrennt für die zur Überprüfung vorgesehenen Fadenmaterialien (Baumwolle, Zellwolle, Reyon).

Da kein unmittelbarer Zusammenhang mit dem vorliegenden Vorhaben bestand, wurden nicht überprüft:

Die Erhöhung der Garnfestigkeit durch das Verkleben der Fasern mit dem Schlichtemittel und in Zusammenhang damit die Vor- und Nachteile verschieden zusammengesetzter Schlichten.

Die Veränderung der Fadenoberfläche durch den Schlichteauftrag.

Die Auswirkung des angewandten Trocknungsverfahrens auf die Eigenschaften des geschlichteten Fadenmaterials.

Der Einfluß konstruktiver Besonderheiten bei Schlichtmaschinen verschiedener Baumuster und verschiedenen Fabrikates auf die Arbeitsvorgänge und auf die Qualität der verarbeiteten Garne.

Ergänzend zu den Ausführungen und zur Beantwortung der zusätzlichen Fragen wird auf die Fachliteratur verwiesen.

3. Aufbau der Schlichtmaschine

Der grundsätzliche Aufbau einer Schlichtmaschine ist durch die Erfordernisse des Schlichteprozesses bestimmt. Zur Durchführung der einzelnen Arbeitsvorgänge müssen Einrichtungen vorhanden sein, die das gleichmäßige Abziehen der Kettfäden von den vorgelegten Zettelbäumen bzw. dem Schärbaum ermöglichen, ein Aufbringen und Eindringen des Schlichtemittels und ein Abquetschen übermäßiger Feuchtigkeit bewirken, das Trocknen der geschlichteten Fäden und die Aufwicklung der Fadenscharen unter weitgehend gleichbleibender Spannung auf einen Kettbaum gewährleisten [2, 3, 4, 5].

Abhängig von dem zu verarbeitenden Material und von den vorliegenden betrieblichen Gegebenheiten werden die für Abwickeln, Schlichten, Trocknen und Aufbäumen erforderlichen Bauelemente unterschiedlich ausgebildet.

3.1 Zettel-(Schär-)baum-Anordnungen

Relativ einfache Verhältnisse für die Fadenzuführung ergeben sich, wenn ein auf einer Konus-Schär- und Bäummaschine hergestellter Baum vorgelegt wird, der bereits mit der für den Webvorgang erforderlichen Fadenzahl hergestellt worden ist. Die Baumbremsung muß so erfolgen, daß auch bei abnehmendem Durchmesser etwa gleiche Spannungen für das dem Schlichtetrog zulaufende Fadenmaterial gegeben sind.

Wird die für eine Kette erforderliche Fadenzahl dadurch erzielt, daß der Schlichtmaschine Zettelbäume vorgeordnet sind, von denen die Fäden gleichzeitig ablaufen, dann soll das Zusammenführen der Kettfäden von den verschiedenen Bäumen mit gleichen Spannungen erfolgen. Die Umlaufgeschwindigkeit der Zettelbäume wird dabei durch den jeweils wirksamen Durchmesser und durch die vom Schlichtetrog bzw. einem diesem vorgeschalteten Vorlaufwerk gegebene Kettbahngeschwindigkeit bestimmt. Auf die in der Praxis üblichen Anordnungen für die Zettelbaumvorlage wird im Abschnitt 5.21 näher eingegangen.

3.2 Schlichtetrog mit Quetschwerk

Der Schlichtetrog dient zur Aufnahme der Schlichteflotte, welche auf die Kettfäden aufgetragen werden soll. Die Ausbildung und die Anordnung der Tauch- und Quetschwalzen ist von den einzelnen Maschinenfabriken auf verschiedene Weise gelöst und im übrigen den jeweils gegebenen Erfordernissen angepaßt worden. Bezüglich weiterer Einzelheiten ist auf die im Abschnitt 5.23 gemachten Ausführungen zu verweisen.

3.3 Trockenvorrichtungen

Die in der Betriebspraxis eingesetzten Schlichtmaschinen unterscheiden sich im wesentlichen durch die Konstruktion der Trockenvorrichtungen. Hierbei ist zwischen Kontakttrocknung und Konvektionstrocknung zu unterscheiden. Bei der Kontakttrocknung wird - wie der Name bereits ausdrückt - die Kette dadurch getrocknet, daß sie auf der Oberfläche von mit Dampf beheizten Zylindern aufliegt. Im Gegensatz dazu erfolgt die Trocknung der Kette bei der Konvektionstrocknung durch ein Heißdampf-Luft-Gemisch. Für diese Lufttrockenmaschine hat als wesentliches Konstruktionsmerkmal weiterhin die Führung der Kette in der Trockenkammer zu gelten. Das Entziehen des mit der Schlichte aufgebrachten Wassers erfordert eine gewisse Trocknungszeit. Bei älteren Maschinen wird durch häufiges Umlenken der Kette und Führung in mehreren Bahnen oder durch die Anwendung von Skelett-Trommeln erreicht, daß die Kette solange in der Trockenkammer verbleibt, bis der gewünschte Trocknungsgrad erreicht ist. In der Trockentechnik inzwischen gewonnene Erkenntnisse machen es möglich, die Trocknung so intensiv zu gestalten, daß die Kette bei den normal üblichen Schlichtgeschwindigkeiten mit Plantrocknern getrocknet werden kann. Die Kettbahn wird dabei in einer Ebene durch die Kammer geführt. Eine große Anzahl von Schlichtmaschinen wurde in neuerer Zeit nach diesem Prinzip gebaut.

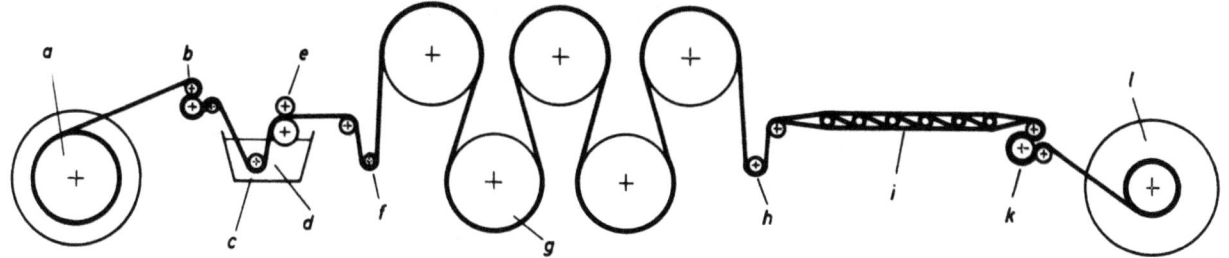

Abbildung 1

Prinzipskizze einer Zylindertrockenschlichtmaschine

a) Schärbaumvorlage   d) Schlichtetrog   g) Trockenzylinder
b) Vorlaufwalze   e) Quetschwalzen   h) Tänzerwalze
c) Tauchwalze   f) Tänzerwalze   i) Teilfeld
   k) Lieferwerk des Bäumgestells   l) Kettbaum

Schematisch zeigt Abbildung 1 den Aufbau einer Zylindertrockenschlichtmaschine. Das Abziehen der Kettbahn von dem vorgelegten Schärbaum erfolgt durch eine Vorlaufwalze. Sie durchläuft dann den Schlichtetrog und die Trockenmaschine, wird anschließend im Gabelfeld aufgeteilt, von der Lieferwalze der Bäummaschine abgezogen und schließlich auf den Kettbaum aufgewunden.

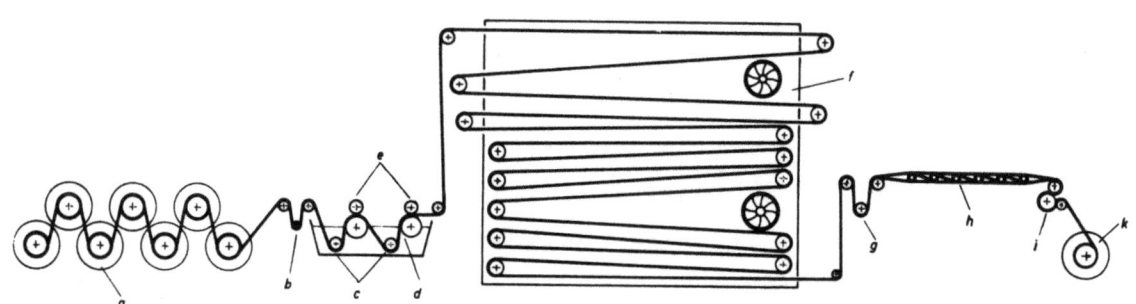

Abbildung 2

Prinzipskizze einer Lufttrockenmaschine

a) Zettelbaumvorlage   d) Schlichtetrog   g) Tänzerwalze
b) Fallwalze   e) Quetschwalzen   h) Teilfeld
c) Tauchwalzen   f) Trockenkammer   i) Lieferwerk des
   k) Kettbaum   Bäumgestells

Abbildung 2 gilt für eine Baumwollschlichtmaschine üblicher Bauart. Bei der Trockenvorrichtung handelt es sich um eine normale Lufttrockenmaschine, bei welcher die Kettfäden in mehreren Etagen durch die Trockenkammer wandern.

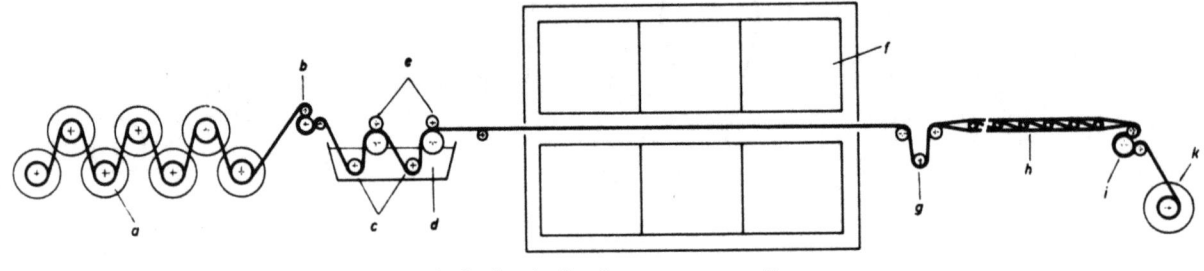

Abbildung 3
Prinzipskizze eines Plantrockners

a) Zettelbaumvorlage   e) Quetschwalzen   i) Lieferwerk des Bäum-
b) Vorlaufwalze   f) Trockenkammer   gestells
c) Tauchwalzen   g) Tänzerwalze   k) Kettbaum
d) Schlichtetrog   h) Teilfeld

Die Kettbahnführung bei Verwendung eines Plantrockners ist mit Abbildung 3 dargestellt. Die der Trockenkammer nachgeschaltete Tänzerwalze dient zur Regelung der in der Kettfadenschar wirksamen Zugspannung.

3.4 Bäummaschine

Die Bäummaschine besteht im wesentlichen aus einem Lieferwalzenpaar, dem die Aufgabe zukommt, die Kettbahn durch die Trockenkammer zu ziehen. Zwischen Bäumgestell und Schlichtetrog wird der Getriebeverzug so groß eingestellt, daß ein Verwirren nicht eintritt und die von der Schlichte verklebten Einzelfäden im Teilfeld einwandfrei getrennt werden. Nachgeschaltet ist die Bäumvorrichtung, welche das angelieferte Kettfadenmaterial aufwindet. Hierbei ist eine bestimmte Spannung einzustellen, um einen genügend harten Kettbaum zu erhalten und dafür zu sorgen, daß der Baum mit dem geschlichteten Kettfadenmaterial am Webstuhl störungsfrei abläuft.

4. Verwendete Prüfanordnungen

4.1 Festigkeitsprüfgerät mit wegloser Kraftmeßeinrichtung "Statigraph"

Um die Kraftdehnungseigenschaften des Ausgangsmaterials und des auf einer Schlichtmaschine oder der nachstehend beschriebenen Garnprüfmaschine behandelten Fadenmaterials ermitteln zu können, wurde der Festigkeitsprüfer "Statigraph" (DRP 760 055) eingesetzt (Abb. 4).

Ausführlich sind eine solche Prüfmaschine, ihre Wirkungsweise und ihre Einsatzmöglichkeiten bereits mit einem vom Land Nordrhein-Westfalen herausgegebenen, vom Institut für textile Meßtechnik Mönchengladbach e.V. erarbeiteten Forschungsbericht beschrieben worden [6]. Es wird dort gezeigt, wie es damit möglich ist, aufschlußreiche Untersuchungen über die Veränderung der Kraftdehnungscharakteristiken durch ausgeübte Zugspannungen durchzuführen.

A b b i l d u n g   4
Festigkeitsprüfgerät mit wegloser Kraftmeßeinrichtung Type "Statigraph"

4.2 Frenzel-Hahn-Garnprüfmaschine mit Zusatzeinrichtungen

Gemäß der vorliegenden Aufgabenstellung sollte u.a. der Einfluß der Vorlaufspannung, mit welcher das Fadenmaterial dem Schlichtetrog zuläuft, auf die Zugbelastung in der Trockenzone und eine hierdurch bedingte Veränderung der Kraftdehnungseigenschaften des behandelten Materials studiert werden. Insbesondere kam es dabei darauf an aufzuzeigen, wie sich bei solchen Behandlungsprozessen unterschiedliche Materialarten verhalten.

Eine im Labor einzusetzende Prüfeinrichtung, mit der die im praktischen Betrieb gegebenen Verhältnisse an einer Schlichtmaschine nachgeahmt werden, wurde unter Benutzung einer Frenzel-Hahn-Garnprüfmaschine bekannter Bauart aufgebaut. Es wurde dadurch möglich, die sich an der Schlichtmaschine überlagernden Einflüsse getrennt zu studieren.

Die Universal-Garnprüfmaschine Frenzel-Hahn bedient sich bekanntlich zweier mit unterschiedlicher Geschwindigkeit umlaufender Walzenpaare. Das Abzugwalzenpaar steht dabei mit dem Hauptantriebsmotor in direkter Verbindung. Das Einlaufwalzenpaar wird zwangsläufig davon angetrieben.

Um einem zwischen dem Einlauf- und Abzugswalzenpaar befindlichen Prüfgut eine gewünschte Dehnung zu vermitteln, muß die Einlaufwalze entsprechend langsamer umlaufen. Das wird durch ein schaltbares Ziehkeilgetriebe bewirkt, wobei es möglich ist, den "Getriebsverzug" in 3 Bereichen zu verändern:

$$0 - 5 \% \quad (\text{Stufen von } 1/4 \%)$$
$$0 - 20 \% \quad (\text{Stufen von } 1 \quad \%)$$
$$0 - 40 \% \quad (\text{Stufen von } 2 \quad \%)$$

Der grundsätzliche Aufbau der im Laboratorium eingesetzten Prüfmaschine wird mit Abbildung 5 gezeigt.

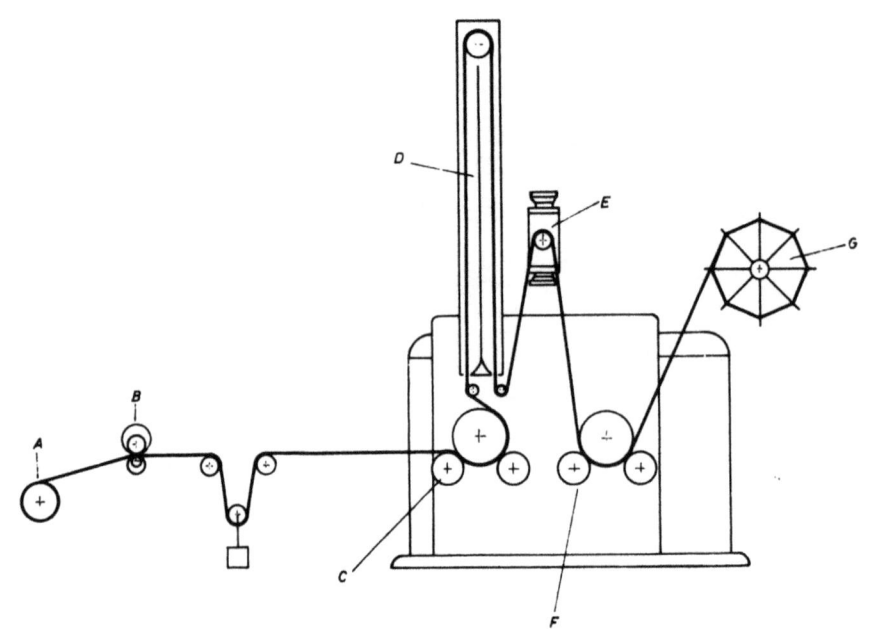

Abbildung 5
Grundsätzlicher Aufbau der Frenzel-Hahn-Garnprüfmaschine
mit Zusatzeinrichtung

Es bezeichnen:
A) den auf die Welle einer elektro-motorischen Fadenwinde aufgesetzten Garnkörper mit dem Ausgangsmaterial
B) ein der Frenzel-Hahn-Garnprüfmaschine zugeordnetes Vorlaufgerät

C) die Einlaufwalze an der die Benetzung des Fadens erfolgt
D) die zwischen Einlauf- und Abzugswalzen eingeordnete Trockenkammer
E) den Meßkopf einer magnet-elektrischen Kraftmeßeinrichtung zur Ermittlung der in der Prüfstrecke wirksamen Fadenspannungen
F) die Abzugswalze
G) einen Spulenkörper, auf den das überprüfte Fadenmaterial mit Hilfe einer elektro-motorischen Fadenwinde unter einstellbarer, in der Größe immer gleichbleibender Fadenspannung aufgewickelt wird.

Abbildung 6 bringt ein Foto der im Laboratorium eingesetzten Prüfmaschine.

Abbildung 6
Im Laboratorium eingesetzte Prüfmaschine

Sichtbar sind im Bild die elektro-motorischen Fadenwinden mit den aufgesetzten Spulenkörpern. Erkennen lassen sich weitere Einzelheiten über den Aufbau des Vorlaufgerätes, die Einordnung der Trockenkammer und des Meßkopfes in den Fadenlauf innerhalb der Prüfstrecke. Tintenschreiber übernehmen die diagrammatische Aufzeichnung der vom Meßkopf ermittelten Fadenzugkräfte.

Die für die Versuche verwendete Prüfmaschine war in einem klimatisierten Labor aufgestellt. Der Antrieb erfolgte durch einen Wechselstrom-Induktionsmotor mit Käfigläufer, was eine gute Konstanz der Prüfgeschwindigkeit gewährleistet. Den Warmluftstrom erzeugte ein handelsüblicher Fön, der seitlich neben der Trockenkammer angeordnet wurde.

4.3 Fadenspannungsmeßgerät "Elmataster"

Für die im Betrieb an einzelnen Fäden in verschiedenen Zonen der Schlichtmaschine zu ermittelnden Zugspannungen fand eine gleiche magnet-elektrische Meßeinrichtung Verwendung, wie sie auch in der Frenzel-Hahn-Garnprüfmaschine eingebaut war. Um für eine immer gleiche Umschlingung der Meßrolle durch den Prüfling zu sorgen, wurden besondere Lenkrollen am Meßkopf befestigt.

Abbildung 7 zeigt den Meßkopf eingeordnet in den Fadenlauf zwischen Schlichtetrog und Plantrockner mit zugehörigem Meßverstärker und Tintenschreiber.

A b b i l d u n g   7

Magnetelektrisch wirksame Meßeinrichtung "Elmataster" im Einsatz an einer Schlichtmaschine

4.4 Elektro-motorische Fadenwinde "Elfawinde"

Wenn bei den Versuchen im praktischen Betrieb die Dehnungseigenschaften des Ausgangsmaterials bekannt sein müssen, werden der Schlichtmaschine "Testfäden" zugeführt. Wie bei der im Abschnitt 4.2 beschriebenen Prüfeinrichtung wurden deshalb auch bei den Untersuchungen an Schlichtmaschinen elektro-motorischen Fadenwinden eingesetzt. Der dem Schlichtetrog vorgeordneten Winde kommt dabei die Aufgabe zu, das vorher auf einer Aluminiumhülse aufgebrachte Fadenmaterial mit bekannten Dehnungseigenschaften langsam abzuwinden. Hierbei ist es möglich, verschiedene

Vorlaufspannungen einzustellen und diese während der Prüfung genau konstant zu halten. Der Motor der elektro-motorischen Fadenwinde wird entgegen der Drehrichtung des Drehfeldes durchgezogen und vermittelt die gewünschten Bremskräfte.

Mit Abbildung 8 wird eine Elfawinde in Spezialausführung mit aufgesetztem Spulenkörper gezeigt. Der Testfaden wird hiervon abgezogen und durchläuft gemeinsam mit der Kettbahn den Schlichtetrog, die Trockenmaschine und das Lieferwalzenpaar vom Bäumgestell.

A b b i l d u n g   8
Elfawinde mit aufgesetztem Spulenkörper an der Maschine

Die zweite Elfawinde mit aufgesetzter Drahthaspel (Abb. 9) übernimmt die Aufgabe, den geschlichteten Testfaden am Maschinenausgang aufzunehmen, damit dessen Dehnungseigenschaften überprüft werden können.

Beide Elfawinden passen sich selbsttätig den durch Verstellen der Regelorgane vorgenommenen Veränderungen der Kettbahngeschwindigkeit an. Sie halten die Zugspannung auch aufrecht, wenn in Störungsfällen die Schlichtmaschine still gesetzt wird.

A b b i l d u n g   9

Elfawinde mit aufgesetzter Drahthaspel an der Maschine

5. Durchgeführte Untersuchungen

5.1 Laboratoriumsversuche

Beim Schlichten werden die zu einer Kettbahn vereinigten Fäden benetzt, im nassen Zustand durch Zugkräfte beansprucht und unter deren Einwirkung getrocknet. Messungen der Fadenspannungen können im praktischen Betrieb an der Schlichtmaschine durchgeführt werden. Beim Studium solcher Vorgänge empfiehlt es sich jedoch, einzelne Phasen des Verarbeitungsablaufs gesondert zu untersuchen. Es ist deshalb die im Abschnitt 4.2 beschriebene Prüfeinrichtung eingesetzt worden, mit der die Arbeitsvorgänge an der Schlichtmaschine nachgeahmt werden können.

Bei Vorversuchen konnte aufgezeigt werden, daß die Schlichte selbst bzw. der Schlichteauftrag auf dem Faden einen geringen Einfluß auf die Dehnungseigenschaften des geschlichteten Fadenmaterials nimmt. Bei der Nachahmung der bei der Schlichtmaschine im praktischen Betrieb auftretenden Fadenbeanspruchungen wurde deshalb der Faden lediglich benetzt. Anstatt eines besonderen Schlichtemittels wurde Wasser mit 1,25 g/l Rapidnetzer verwendet [7].

5.11 Kraftdehnungseigenschaften des Testmaterials

Die nachstehend behandelten Versuche sind an Baumwolle, Zellwolle und Reyon durchgeführt worden. Bei diesen Materialien liegen grundsätzlich unterschiedliche Kraftdehnungseigenschaften vor. Mit den Abbildungen 10, 11 und 12 werden die an dem trockenen, vorher im Normklima ausgelegten Fadenmaterial aufgenommenen Kraftdehnungslinien gezeigt. Gegenübergestellt ist jeweils die Kraftdehnungscharakteristik im nassen Zustand.

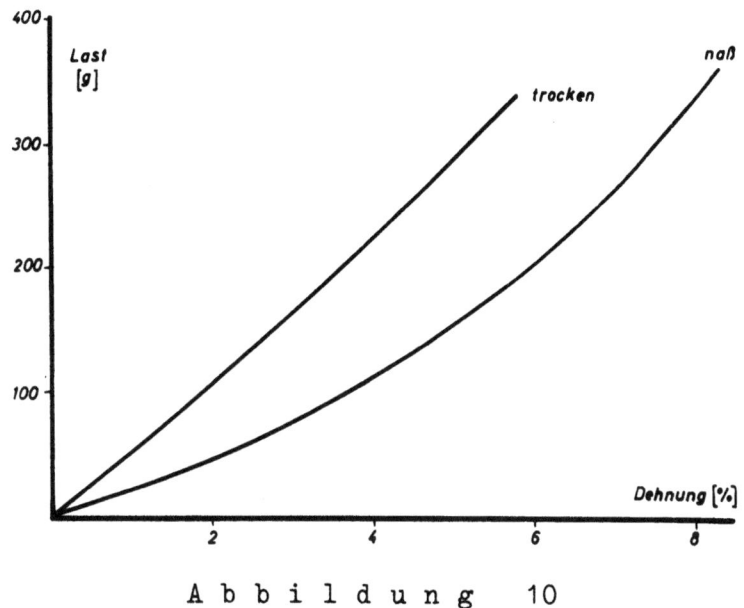

A b b i l d u n g   10

Kraftdehnungscharakteristik des Vorlagematerials, Baumwolle   Nm 50

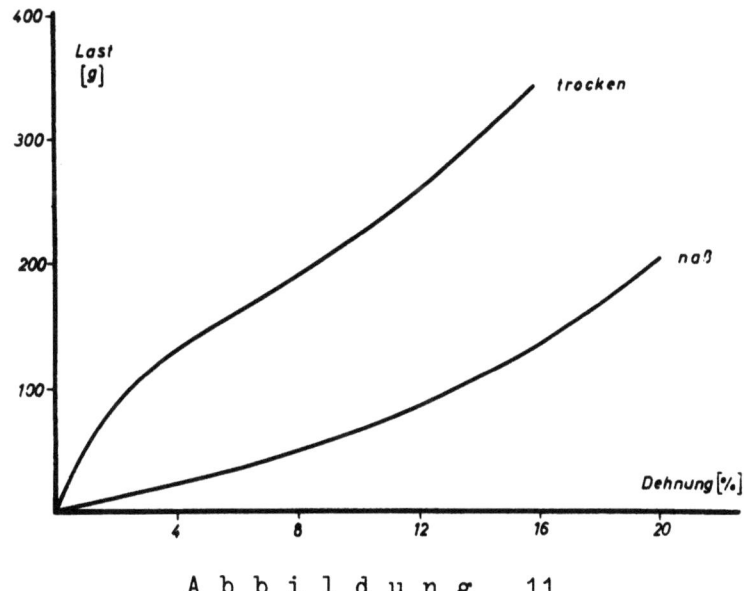

A b b i l d u n g   11

Kraftdehnungscharakteristik des Vorlagematerials, Zellwolle Nm 50

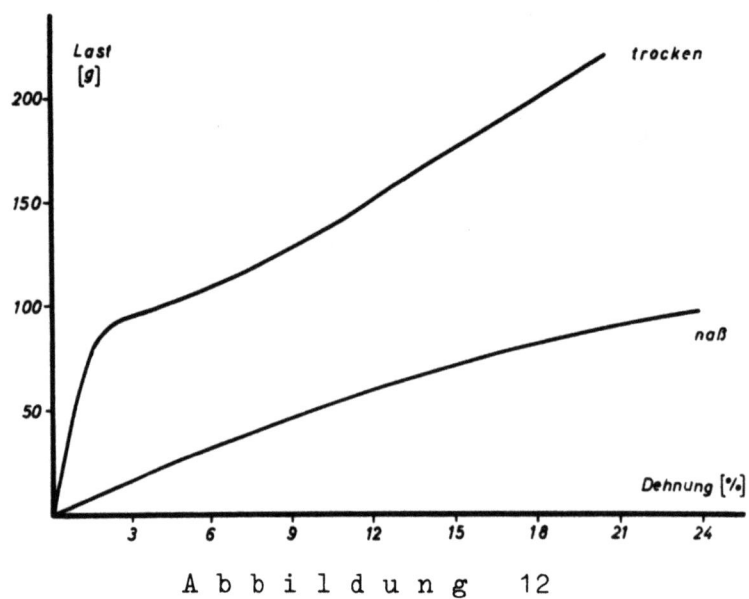

Abbildung 12

Kraftdehnungscharakteristik des Vorlagematerials, Reyon Td 120

5.12 Anordnung und Einsatz der Prüfmaschine

Bei der eingesetzten Prüfmaschine ist die Fadenspannung in der Trockenzone in genau gleicher Weise wie bei einer normalen Schlichtmaschine zu beeinflussen:

- a) durch den zwischen Einlaufwalze (Schlichtetrog) und Abzugswalze (Bäumgestell) eingestellten Getriebeverzug
- b) bei gegebenem Getriebeverzug durch die Fadenspannung mit der das Fadenmaterial der Einlaufwalze (Schlichtetrog) zuläuft.

Versuch A

Für die Fadenzuführung wurde die mit Abbildung 13 gezeigte Anordnung benutzt.

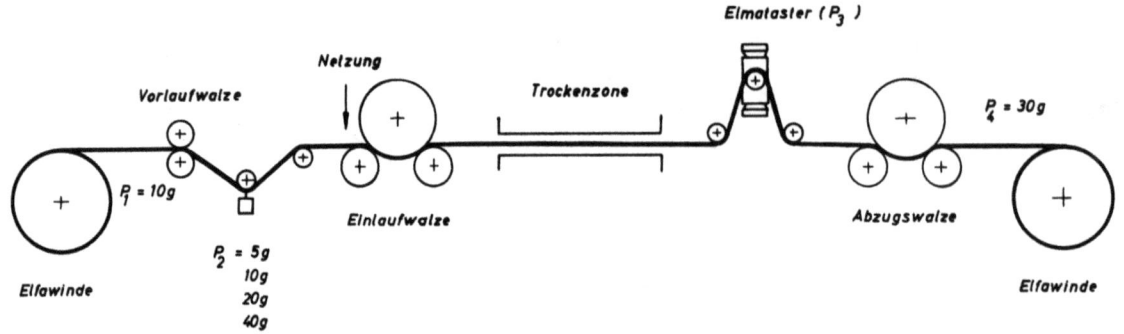

Abbildung 13

Versuch A

Prüfmaschine mit konstantem Getriebeverzug in der Trockenzone und unterschiedlichen Vorlaufspannungen an der Einlaufwalze

Der auf einen zylindrischen Spulenkörper aufgewundene Faden wird von einer elektro-motorischen Fadenwinde mit konstanter Zugkraft ($P_1 = 10$ g) abgezogen. Dem Vorlaufgerät kommt die Aufgabe zu, vor der Einlaufwalze, an welcher der Faden benetzt wird, unterschiedlich hohe Fadenspannungen ($P_2 = 5$, 10, 20 und 40 g) einzustellen. Mit dieser Vorlaufspannung tritt das Fadenmaterial jetzt in die eigentliche Prüfstrecke ein, wird hier getrocknet, wobei die Größe der wirksamen Zugbeanspruchungen (P_3) mit einer magnet-elektrischen Meßeinrichtung (Elmataster) bestimmt und mittels des Tintenschreibers aufgezeichnet wird. Das Aufwinden des geprüften Materials erfolgt wiederum mit einer Elfawinde mit einer Aufwindespannung $P_4 = 30$ g.

Um auch den Fall in die Versuche einzubeziehen, daß das Fadenmaterial bereits von der Vorlagespule aus naß zugeführt wird, wurde bei der weiteren Versuchsdurchführung die Garnvorlage vorher auf den Aluminiumhülsen benetzt und im nassen Zustand vom Vorlaufgerät abgezogen. Hiermit sollte der in der Praxis gegebene Zustand nachgeahmt werden, wonach Zettelbäume vom Bleichen oder Färben her noch feucht bzw. naß der Schlichmaschine vorgelegt werden.

Bei Zellwolle und Reyon erwies sich, daß bei den höheren Belastungskräften das Vorlaufgerät nicht in der Lage war, die in der Vorlaufstrecke auftretenden Längenänderungen voll auszugleichen. Es wurde deshalb unter Umgehung des Vorlaufgerätes in diesem Falle das Fadenmaterial direkt von dem auf der Elfawinde aufgesetzten Spulenkörper der Einlaufwalze zugeführt.

Bei jedem Versuch kamen zwischen Einlauf- und Abzugswalze jeweils zwei unterschiedlich hohe Getriebeverzüge zur Anwendung. Bezüglich weiterer Einzelheiten bleibt auf die in der nachfolgenden Tabelle gemachten Angaben zu verweisen.

Versuch	Testmaterial	Dehnung in der Trockenzone
A_1	Baumwolle Nm 50, trocken	1% und 3%
A_2	Baumwolle Nm 50, naß	1% und 3%
A_3	Zellwolle Nm 50, trocken	2% und 5%
A_4	Zellwolle Nm 50, naß	2% und 5%
A_5	Reyon Td 120, trocken	4% und 8%
A_6	Reyon Td 120, naß	4% und 8%

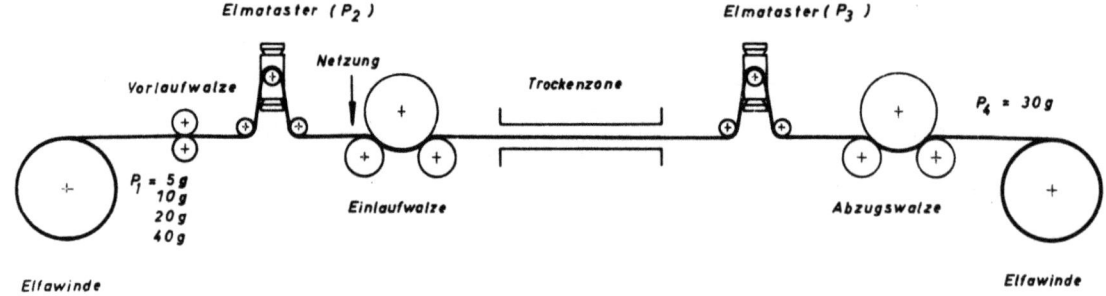

Abbildung 14
Versuch B
Prüfmaschine mit konstanten Getriebeverzügen in der Trockenzone und zwischen Vorlaufgerät und Einlaufwalze

Versuch B

Wie aus Abbildung 14 hervorgeht, sind in diesem Falle unterschiedliche Fadenspannungen (P_1) zwischen dem Spulenkörper auf der Elfawinde und dem nachgeordneten Vorlaufgerät eingestellt worden. Zwischen Vorlaufgerät und Einlaufwalze bzw. der Stelle, an der die Benetzung des Fadens erfolgt, bestand dagegen ein konstanter Getriebeverzug, d.h. der Faden unterlag einer bestimmten Dehnung unveränderter Größe. Eine hier in den Fadenlauf eingeordnete magnet-elektrische Meßeinrichtung bestimmte die Fadenspannungen (P_2) in der Vorlaufstrecke. In der Prüfstrecke und hinter der Abzugswalze ist das Fadenmaterial in der gleichen Weise geführt worden wie bei Versuch A. Weitere Auskünfte vermittelt die zum Versuch gehörende Tabelle:

Versuch	Testmaterial	Dehnung in der Trockenzone
B_1	Baumwolle Nm 50, trocken	1% und 3%
B_2	Baumwolle Nm 50, naß	1% und 3%
B_3	Zellwolle Nm 50, trocken	2% und 5%
B_4	Zellwolle Nm 50, naß	2% und 5%
B_5	Reyon Td 120, trocken	4% und 8%
B_6	Reyon Td 120, naß	4% und 8%

Versuch C

Hier wurde im Gegensatz zu Versuch B zwischen Vorlaufgerät und Einlaufwalze nicht mit einem gleichbleibenden Getriebeverzug gearbeitet, sondern immer die gleiche Spannung (P_2 = 10g) eingestellt (Abb. 15). Unterschiedlich hohe Fadenspannungen vor der Vorlaufwalze können also nicht an der Einlaufwalze wirksam werden. Die konstante Belastung in der Vorlaufzone gewährleistet einen weitgehenden Ausgleich. Weitere Einzelheiten sind nachstehender Tabelle zu entnehmen.

Versuch	Testmaterial	Dehnung in der Trockenzone
C_1	Baumwolle Nm 50, trocken	1% und 3%
C_2	Baumwolle Nm 50, naß	1% und 3%
C_3	Zellwolle Nm 50, trocken	2% und 5%
C_4	Zellwolle Nm 50, naß	2% und 5%
C_5	Reyon Td 120, trocken	4% und 8%
C_6	Reyon Td 120, naß	4% und 8%

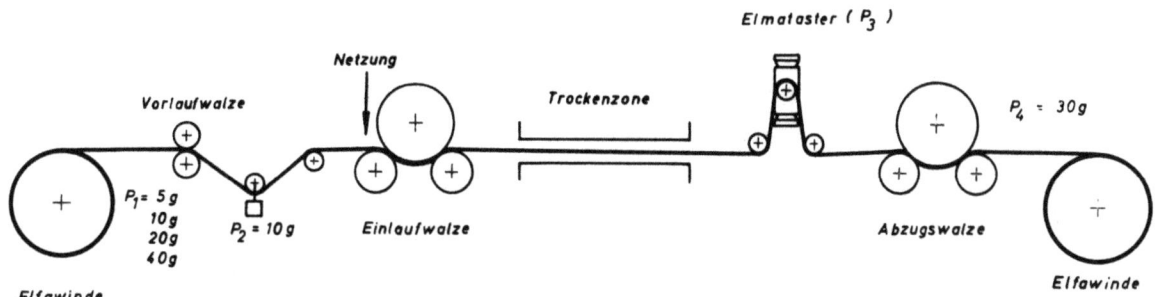

Abbildung 15

Versuch C

Prüfmaschine mit konstanten Getriebeverzug in der Trockenzone und Spannungsausgleich zwischen Vorlaufgerät und Einlaufwalze

Versuch D

Für die Führung des Fadens vor der Einlaufwalze wurde eine gleiche Anordnung angewandt wie bei Versuch A (Abb. 16).

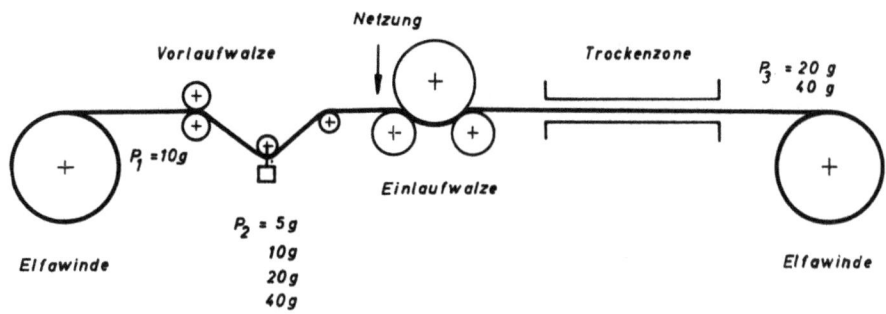

Abbildung 16

Versuch D

Prüfmaschine mit konstanter Zugbelastung in der Trockenzone und unterschiedlichen Vorlaufspannungen an der Einlaufwalze

In der Trockenzone stand der Faden jedoch unter einer konstanten Zugspannung (P_3). Diese vermittelte die der gesamten Anordnung nachgeschaltete, auf 20 und 40 g Zugspanngen eingestellte Elfawinde.

Versuch	Testmaterial	Abzugsspannung
D_1	Baumwolle Nm 50, trocken	20g und 40g
D_2	Baumwolle Nm 50, naß	20g und 40g
D_3	Zellwolle Nm 50, trocken	20g und 40g
D_4	Zellwolle Nm 50, naß	20g und 40g
D_5	Reyon Td 120, trocken	20g und 40g
D_6	Reyon Td 120, naß	20g und 40g

5.13 Auswirkung der Vorlaufspannung bei verschiedenen Anordnungen der Fadenzuführung auf die Belastung des Fadens in der Trockenzone

Nachfolgend wird gezeigt wie sich unter verschiedenen, für die Fadenzuführung gegebenen Voraussetzungen die in dem zwischen Einlauf- und Abzugswalze geführten Faden auftretenden Zugbeanspruchungen verändern. Die in Kurvenform aufgetragenen Meßwerte lassen die Abhängigkeit der wirksamen Belastungskraft (P_3) von der Vorlaufspannung (P_1 oder P_2) erkennen.

In der Trockenzone wurden, den Verhältnissen der Praxis angepaßt, für die verschiedenen Fadenmaterialien die in Abschnitt 5.12 angegebenen Dehnungseinstellungen angewandt.

Entsprechend den hier gewählten Unterteilungen bringen die einzelnen Diagramme der für Baumwolle, Zellwolle und Reyon geltenden Abbildungen die Vorgänge für die Versuchsreihen:

Versuch A - "ohne Vorlaufgerät", d.h. die unterschiedlichen Vorlaufspannungen sind an der Einlaufwalze (Netzstelle) wirksam,

Versuch B - "mit Vorlaufgerät", wobei zwischen Vorlaufgerät und Einzugswalze ein konstanter Getriebeverzug eingestellt ist,

Versuch C - "mit Vorlaufgerät", wobei eine Nachsteuerung der Fadenzuführung derart erfolgt, daß zwischen Vorlaufgerät und Einzugswalze eine konstante Zugspannung von 10 g besteht.

Für den Versuch D mit konstanter Zugspannung (P_3) in der Trockenzone - bewirkt durch die nachgeschaltete Elfawinde - sind die Zugkräfte durch die Einstellung des Fadenwindemotors bestimmt. Unter diesen Voraussetzungen erübrigt sich eine diagrammatische Darstellung der Vorgänge.

Abbildungen 17, 18 und 19 gelten für die Versuchsreihe A und die Materialien Baumwolle, Zellwolle und Reyon.

Abbildungen 20, 21 und 22 bringen die Versuchsergebnisse der Reihe B. Die mit Abbilung 23, 24 und 25 wiedergegebenen Diagramme wurden bei Lauf der Prüfmaschine mit konstanter Fadenspannung (P_2) zwischen Vorlaufgerät und Einlaufwalze aufgenommen (Versuchsreihe C).

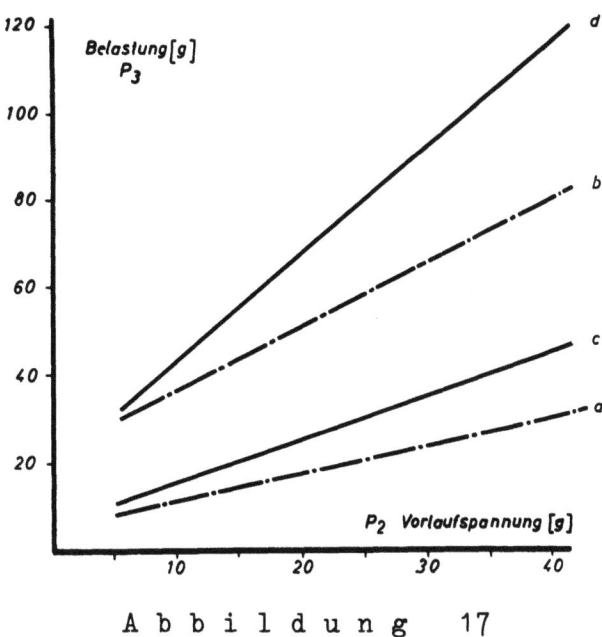

A b b i l d u n g   17

Zugbelastungen in der Trockenzone der im Laboratorium eingesetzten Prüfmaschine, abhängig von der Vorlaufspannung bei Betrieb ohne Vorlaufgerät

Material: Baumwolle Nm 50 (Versuch A_1 und A_2)

a) Dehnung in der Trockenzone 1 %, Vorlage trocken
b) Dehnung in der Trockenzone 3 %, Vorlage trocken
c) Dehnung in der Trockenzone 1 %, Vorlage naß
d) Dehnung in der Trockenzone 3 %, Vorlage naß

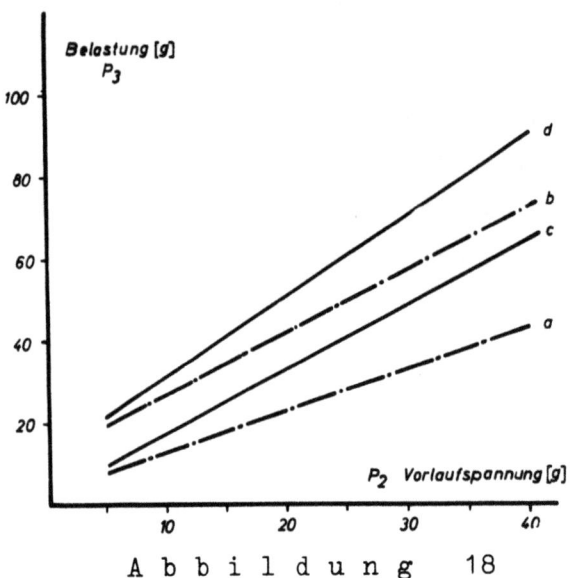

Abbildung 18

Zugbelastungen in der Trockenzone der im Laboratorium eingesetzten Prüfmaschine, abhängig von der Vorlaufspannung bei Betrieb ohne Vorlaufgerät

Material: Zellwolle Nm 50 (Versuch A_3 und A_4)

a) Dehnung in der Trockenzone 2 %, Vorlage trocken
b) Dehnung in der Trockenzone 5 %, Vorlage trocken
c) Dehnung in der Trockenzone 2 %, Vorlage naß
d) Dehnung in der Trockenzone 5 %, Vorlage naß

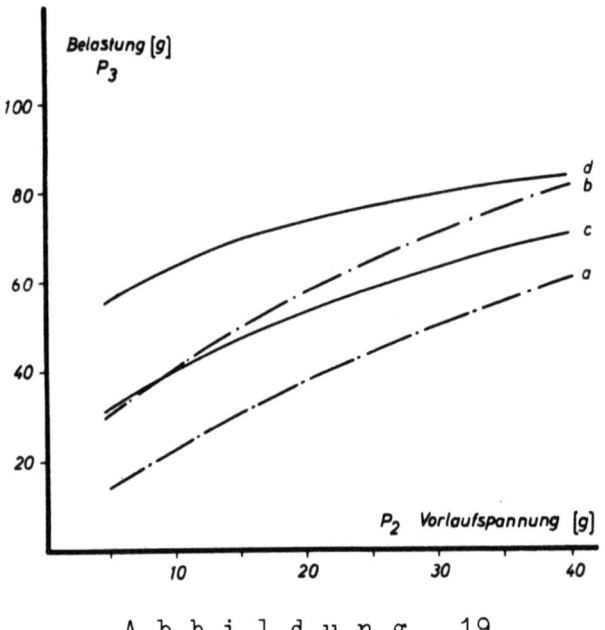

Abbildung 19

Zugbelastungen in der Trockenzone der im Laboratorium eingesetzten Prüfmaschine, abhängig von der Vorlaufspannung bei Betrieb ohne Vorlaufgerät

Material: Reyon Td 120 (Versuch A_5 und A_6)

a) Dehnung in der Trockenzone 4 %, Vorlage trocken
b) Dehnung in der Trockenzone 8 %, Vorlage trocken
c) Dehnung in der Trockenzone 4 %, Vorlage naß
d) Dehnung in der Trockenzone 8 %, Vorlage naß

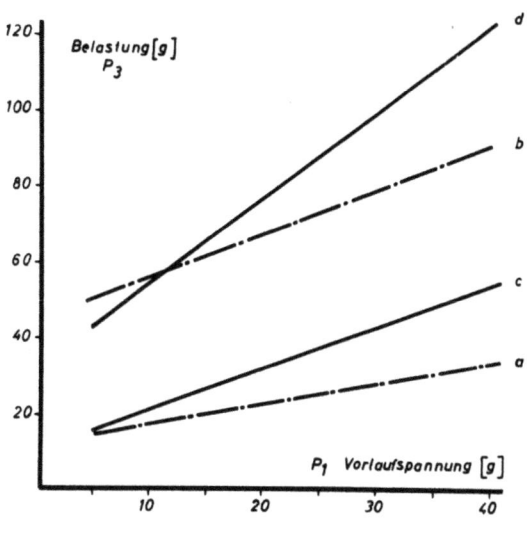

Abbildung 20

Zugbelastungen in der Trockenzone der im Laboratorium eingesetzten Prüfmaschine, abhängig von der Vorlaufspannung bei Betrieb mit Vorlaufgerät

Material: Baumwolle Nm 50 (Versuch B_1 und B_2)

a) Dehnung in der Trockenzone 1 %, Vorlage trocken
b) Dehnung in der Trockenzone 3 %, Vorlage trocken
c) Dehnung in der Trockenzone 1 %, Vorlage naß
d) Dehnung in der Trockenzone 3 %, Vorlage naß

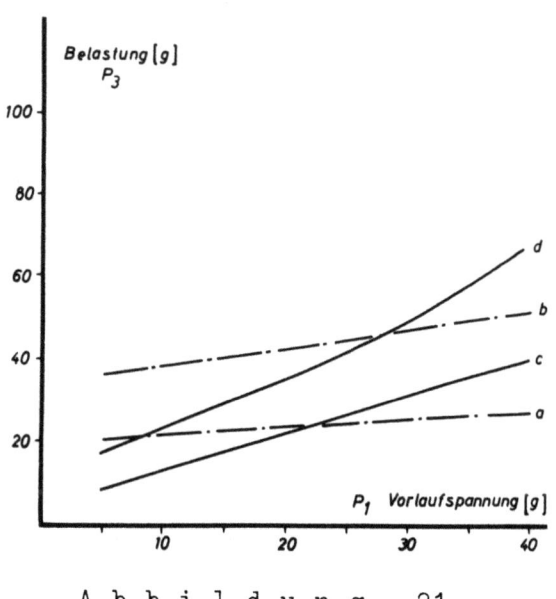

Abbildung 21

Zugbelastungen in der Trockenzone der im Laboratorium eingesetzten Prüfmaschine, abhängig von der Vorlaufspannung bei Betrieb mit Vorlaufgerät

Material: Zellwolle Nm 50 (Versuch B_3 und B_4)

a) Dehnung in der Trockenzone 2 %, Vorlage trocken
b) Dehnung in der Trockenzone 5 %, Vorlage trocken
c) Dehnung in der Trockenzone 2 %, Vorlage naß
d) Dehnung in der Trockenzone 5 %, Vorlage naß

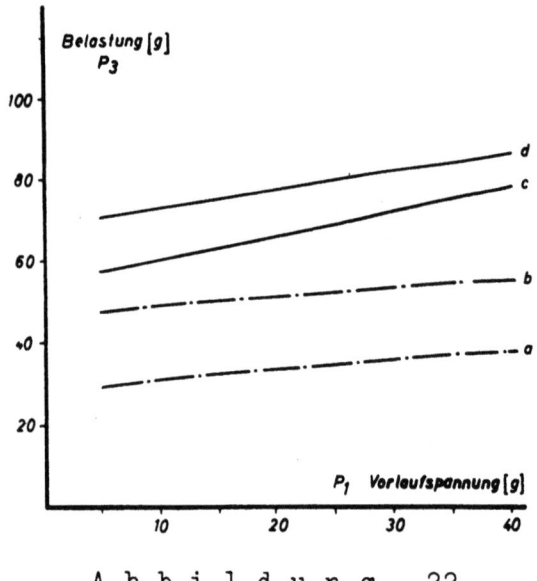

Abbildung 22

Zugbelastungen in der Trockenzone der im Laboratorium eingesetzten Prüfmaschine, abhängig von der Vorlaufspannung bei Betrieb mit Vorlaufgerät

Material: Reyon Td 120 (Versuch B_5 und B_6)

a) Dehnung in der Trockenzone 4 %, Vorlage trocken
b) Dehnung in der Trockenzone 8 %, Vorlage trocken
c) Dehnung in der Trockenzone 4 %, Vorlage naß
d) Dehnung in der Trockenzone 8 %, Vorlage naß

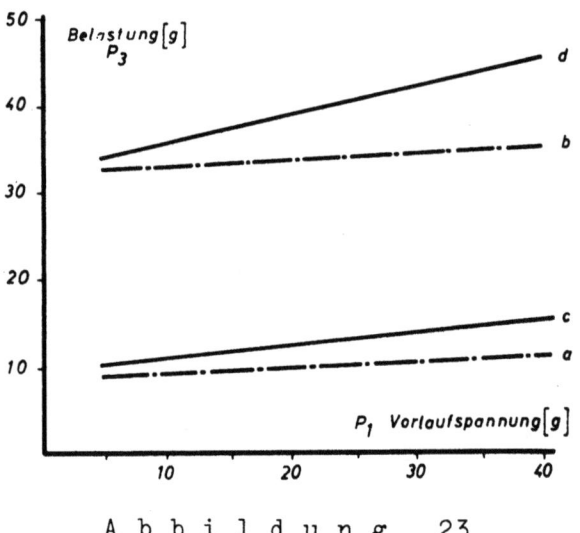

Abbildung 23

Zugbelastungen in der Trockenzone der im Laboratorium eingesetzten Prüfmaschine, abhängig von der Vorlaufspannung vor dem Vorlaufgerät bei Zugspannungsausgleich vor der Einlaufwalze

Material: Baumwolle Nm 50 (Versuch C_1 und C_2)

a) Dehnung in der Trockenzone 1 %, Vorlage trocken
b) Dehnung in der Trockenzone 3 %, Vorlage trocken
c) Dehnung in der Trockenzone 1 %, Vorlage naß
d) Dehnung in der Trockenzone 3 %, Vorlage naß

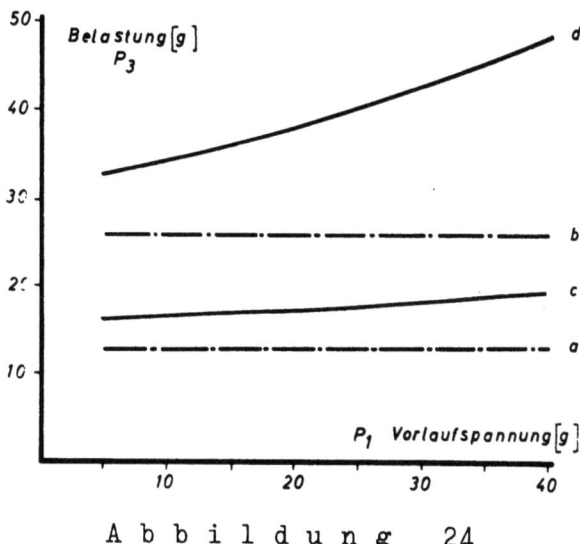

Abbildung 24

Zugbelastungen in der Trockenzone der im Laboratorium eingesetzten Prüfmaschine, abhängig von der Vorlaufspannung vor dem Vorlaufgerät bei Zugspannungsausgleich vor der Einlaufwalze

Material: Zellwolle Nm 50 (Versuch C_3 und C_4)

a) Dehnung in der Trockenzone 2 %, Vorlage trocken
b) Dehnung in der Trockenzone 5 %, Vorlage trocken
c) Dehnung in der Trockenzone 2 %, Vorlage naß
d) Dehnung in der Trockenzone 5 %, Vorlage naß

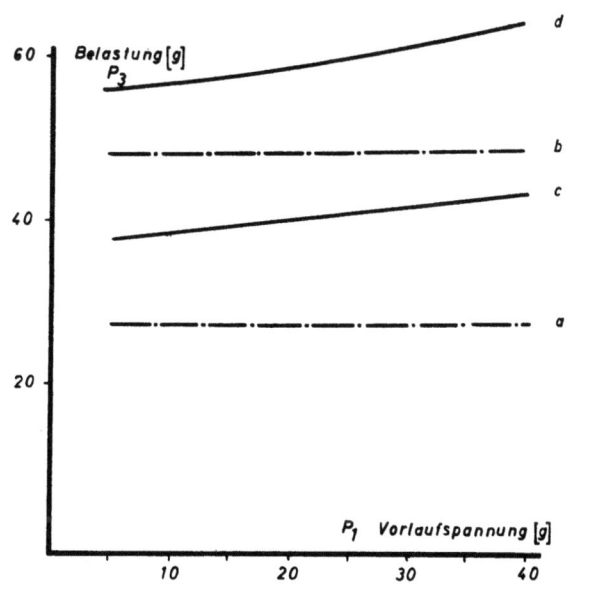

Abbildung 25

Zugbelastungen in der Trockenzone der im Laboratorium eingesetzten Prüfmaschine, abhängig von der Vorlaufspannung vor dem Vorlaufgerät bei Zugspannungsausgleich vor der Einlaufwalze

Material: Reyon Td 120 (Versuch C_5 und C_6)

a) Dehnung in der Trockenzone 4 %, Vorlage trocken
b) Dehnung in der Trockenzone 8 %, Vorlage trocken
c) Dehnung in der Trockenzone 4 %, Vorlage naß
d) Dehnung in der Trockenzone 8 %, Vorlage naß

5.14 Veränderungen der Kraftdehnungseigenschaften beim Netzen und Trocknen unter Einwirkung von Zugspannungen

Durch die in der Trockenzone wirksamen Zugbeanspruchungen werden die Kraftdehnungseigenschaften des auf der Prüfmaschine behandelten Fadenmaterials verändert. Im Abschnitt 5.13 wurde dargelegt, wie sich bei verschiedenen Anordnungen der Fadenzuführung die Vorlaufspannungen auf die Vorgänge in der Trockenzone auswirken. Steigt mit zunehmender Vorlaufspannung die Belastung in der Trockenzone, so muß das eine Verminderung der Dehnbarkeit des Fadens zur Folge haben. Die nachfolgend wiedergegebenen Diagramme zeigen die Verhältnisse für die Versuche A bis D (vergl. Abschn. 5.12 und 5.13). Geprüft wurde das auf der Prüfmaschine behandelte und dabei getrocknete Testmaterial mit dem Festigkeitsprüfgerät Statigraph.

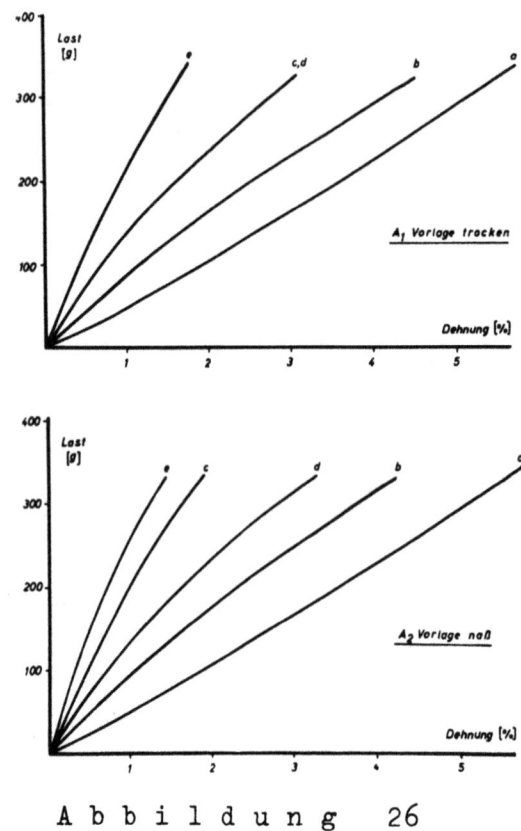

A b b i l d u n g   26

Veränderung der Kraftdehnungscharakteristik bei den Versuchen mit der im Laboratorium eingesetzten Prüfmaschine. Betrieb ohne Vorlaufgerät. Material: Baumwolle Nm 50

    a) Ausgangsmaterial
    b) Vorlaufspannung 5 g; Dehnung in der Trockenzone 1 %
    c) Vorlaufspannung 40 g; Dehnung in der Trockenzone 1 %
    d) Vorlaufspannung 5 g; Dehnung in der Trockenzone 3 %
    e) Vorlaufspannung 40 g; Dehnung in der Trockenzone 3 %

Versuch A

Die an Baumwoll- und Zellwollgespinsten, außerdem an Reyon, nach Durchlaufen der Prüfmaschine aufgenommenen Kraftdehnungscharakteristiken werden mit den Abbildungen 26, 27 und 28 gezeigt.

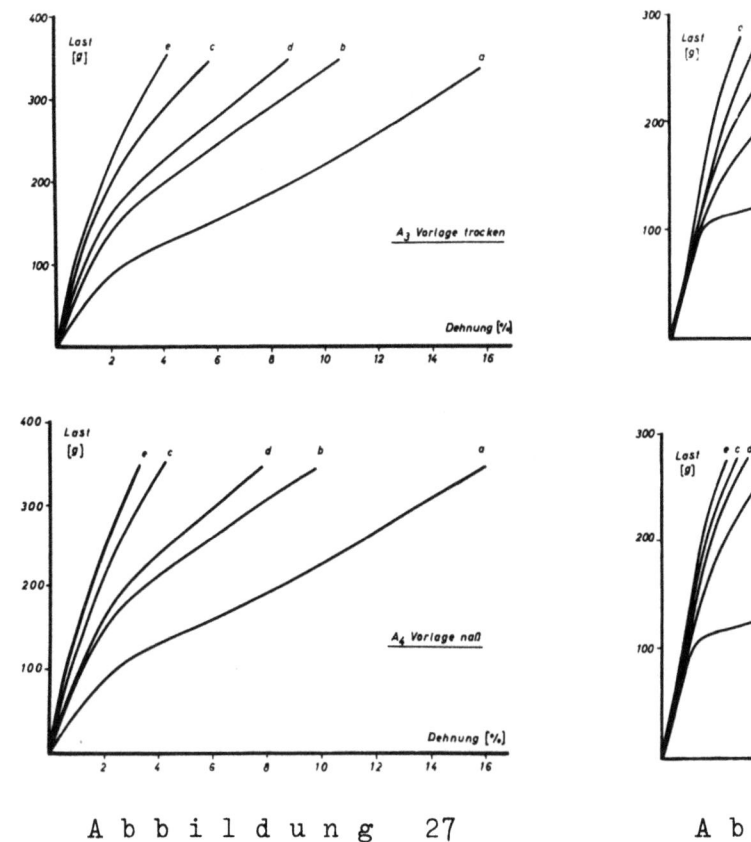
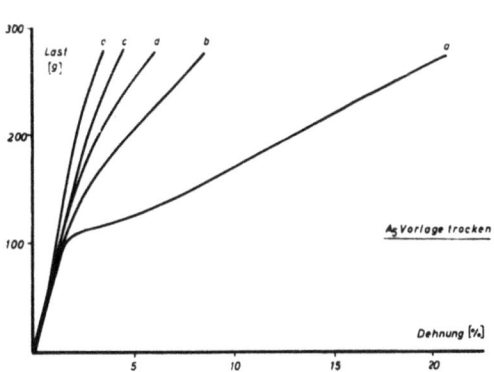
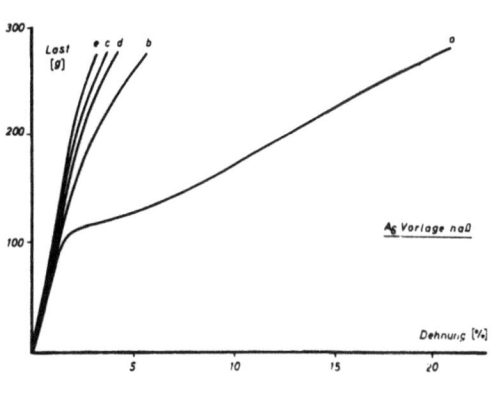

Abbildung 27

Veränderung der Kraftdehnungcharakteristik bei den Versuchen mit der im Laboratorium eingesetzten Prüfmaschine. Betrieb ohne Vorlaufgerät. Material Zellwolle Nm 50
a) Ausgangsmaterial
b) Vorlaufspannung 5g; Dehnung in der Trockenzone 2 %
c) Vorlaufspannung 40 g; Dehnung in der Trockenzone 2 %
d) Vorlaufspannung 5 g; Dehnung in der Trockenzone 5 %
e) Vorlaufspannung 40 g; Dehnung in der Trockenzone 5 %

Abbildung 28

Veränderung der Kraftdehnungscharakteristik bei den Versuchen mit der im Laboratorium eingesetzten Prüfmaschine. Betrieb ohne Vorlaufgerät.
Material: Reyon Td 120
a) Ausgangsmaterial
b) Vorlaufspannung 5 g; Dehnung in der Trockenzone 4 %
c) Vorlaufspannung 40 g; Dehnung in der Trockenzone 4 %
d) Vorlaufspannung 5 g; Dehnung in der Trockenzone 8 %
e) Vorlaufspannung 40 g; Dehnung in der Trockenzone 8 %

Die jeweils oben angeordneten Diagramme gelten für eine Zuführung von trockenem Fadenmaterial, während die unteren Diagramme an Fäden aufgenommen wurden, die von naß vorgelegten Spulenkörpern stammen. Ersichtlich ist daraus auch der Einfluß eines unterschiedlichen Getriebeverzuges zwischen Einlauf- und Abzugswalze. Bezüglich weiterer Einzelheiten bleibt auf die Bildunterschriften und die in den einzelnen Diagrammen gemachten Eintragungen zu verweisen.

Versuch B

Abbildungen 29, 30 und 31 gelten für den Lauf der Prüfmaschine mit vorgeschaltetem Vorlaufgerät, wobei zwischen Vorlaufgerät und Einlaufwalze mit einem konstanten Getriebeverzug gearbeitet worden ist. Die Wiedergabe der einzelnen Diagramme erfolgt in gleicher Weise wie bei Versuch A.

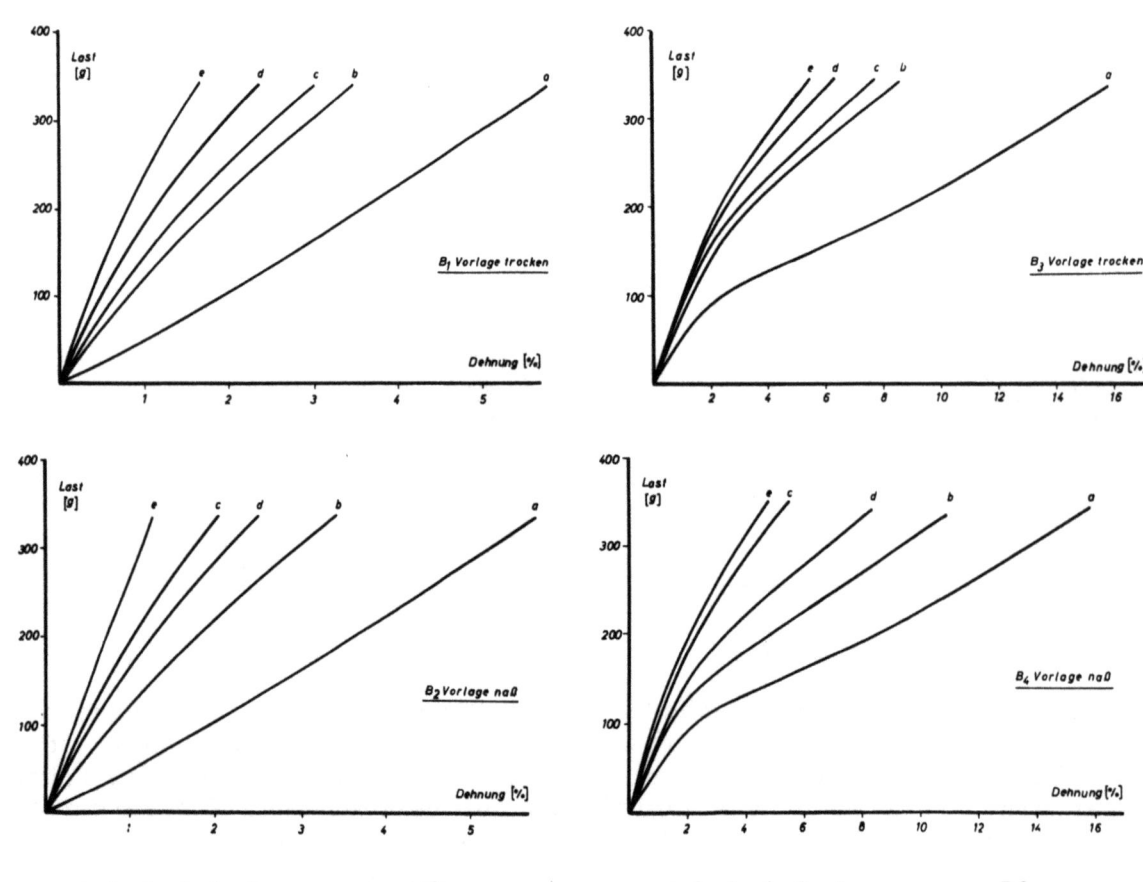

Abbildung 29
Veränderung der Kraftdehnungscharakteristik bei den Versuchen mit der im Laboratorium eingesetzten Prüfmaschine. Betrieb mit Vorlaufgerät.
    Material: Baumwolle Nm 50
a) Ausgangsmaterial
b) Vorlaufspannung 5 g;
Dehnung in der Trockenzone 1 %
c) Vorlaufspannung 40 g;
Dehnung in der Trockenzone 1 %
d) Vorlaufspannung 5 g;
Dehnung in der Trockenzone 3 %
e) Vorlaufspannung 40 g;
Dehnung in der Trockenzone 3 %

Abbildung 30
Veränderung der Kraftdehnungcharakteristik bei den Versuchen mit der im Laboratorium eingesetzten Prüfmaschine. Betrieb mit Vorlaufgerät.
    Material: Zellwolle Nm 50
a) Ausgangsmaterial
b) Vorlaufspannung 5 g;
Dehnung in der Trockenzone 2 %
c) Vorlaufspannung 40 g;
Dehnung in der Trockenzone 2 %
d) Vorlaufspannung 5 g;
Dehnung in der Trockenzone 5 %
e) Vorlaufspannung 40 g;
Dehnung in der Trockenzone 5 %

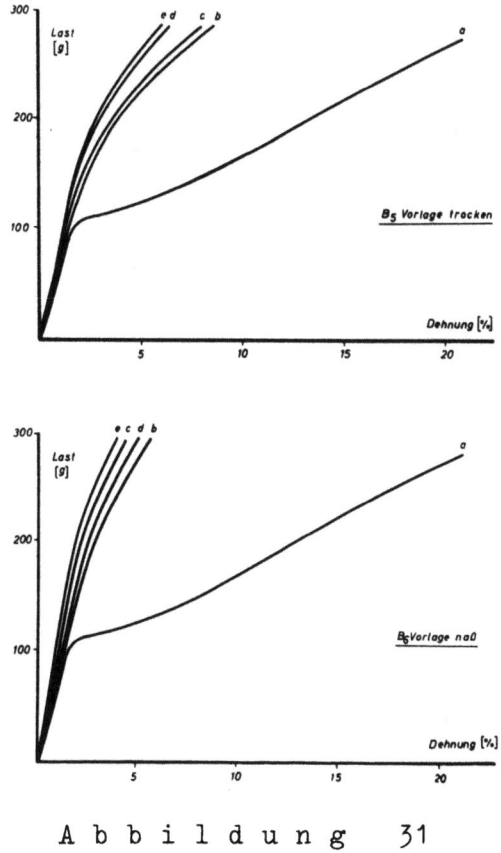

Abbildung 31

Veränderung der Kraftdehnungscharakteristik bei den Versuchen mit der
im Laboratorium eingesetzten Prüfmaschine

Betrieb mit Vorlaufgerät. Material: Reyon Td 120

a) Ausgangsmaterial
b) Vorlaufspannung 5 g; Dehnung in der Trockenzone 4 %
c) Vorlaufspannung 40 g; Dehnung in der Trockenzone 4 %
d) Vorlaufspannung 5 g; Dehnung in der Trockenzone 8 %
e) Vorlaufspannung 40 g; Dehnung in der Trockenzone 8 %

Versuch C

Hier fand - wie mit den Abschnitten 5.12 bzw. 5.13 bereits erläutert -
ein selbsttätig nachgesteuertes Vorlaufgerät Verwendung. Dadurch wurde
es möglich, trotz unterschiedlich hoher Fadenspannungen vor dem Vorlaufgerät das Fadenmaterial der Zulaufwalze mit einer konstanten Spannung
(10 g) zuzuführen. Für die an den behandelten Fäden aufgenommenen Kraftdehnungslinien gelten die Abbildungen 32, 33 und 34.

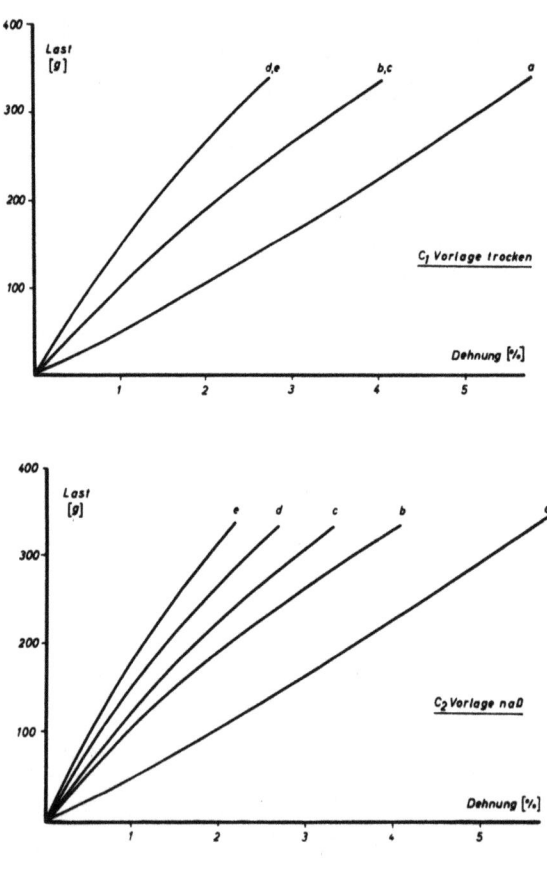

Abbildung 32

Veränderung der Kraftdehnungscharakteristik bei den Versuchen mit der
im Laboratorium eingesetzten Prüfmaschine

Betrieb mit Vorlaufgerät und Zugsspannungsausgleich

Material: Baumwolle Nm 50

a) Ausgangsmaterial
b) Vorlaufspannung 5 g; Dehnung in der Trockenzone 1 %
c) Vorlaufspannung 40 g; Dehnung in der Trockenzone 1 %
d) Vorlaufspannung 5 g; Dehnung in der Trockenzone 3 %
e) Vorlaufspannung 40 g; Dehnung in der Trockenzone 3 %

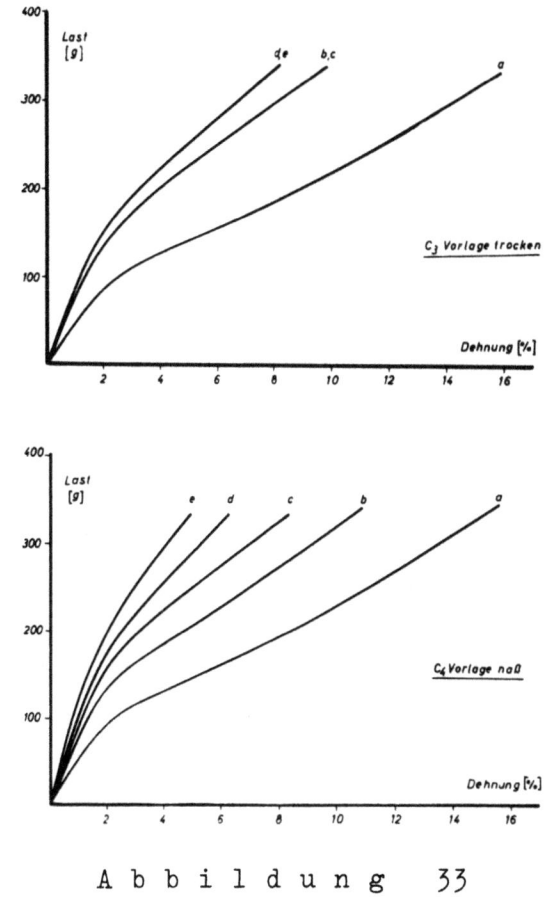
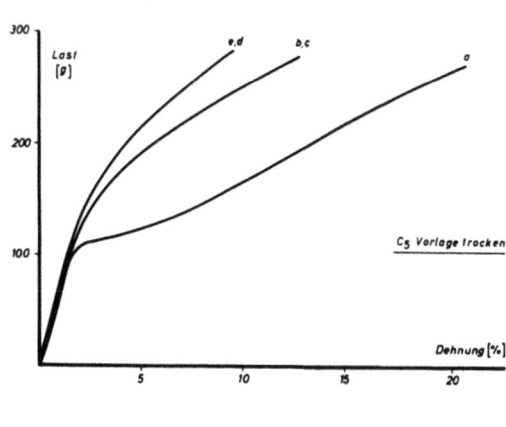
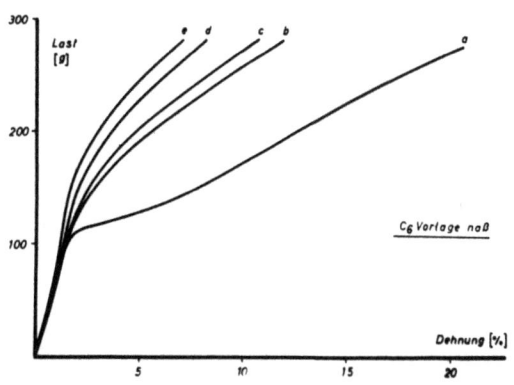

Abbildung 33
Veränderung der Kraftdehnungscharakteristik bei den Versuchen mit der im Laboratorium eingesetzten Prüfmaschine. Betrieb mit Vorlaufgerät und Zugspannungsausgleich
Material: Zellwolle Nm 50
a) Ausgangsmaterial
b) Vorlaufspannung 5 g; Dehnung in der Trockenzone 2 %
c) Vorlaufspannung 40 g; Dehnung in der Trockenzone 2 %
d) Vorlaufspannung 5 g; Dehnung in der Trockenzone 5 %
e) Vorlaufspannung 40 g; Dehnung in der Trockenzone 5 %

Abbildung 34
Veränderung der Kraftdehnungscharakteristik bei den Versuchen mit der im Laboratorium eingesetzten Prüfmaschine. Betrieb mit Vorlaufgerät und Zugspannungsausgleich
Material: Reyon Td 120
a) Ausgangsmaterial
b) Vorlaufspannung 5 g; Dehnung in der Trockenzone 4 %
c) Vorlaufspannung 40 g; Dehnung in der Trocenzone 4 %
d) Vorlaufspannung 5 g; Dehnung in der Trockenzone 8 %
e) Vorlaufspannung 40 g; Dehnung in der Trockenzone 8 %

Versuch D

Wie aus den bereits gemachten Angaben bekannt, ist bei diesem Versuch der Faden wiederum mit unterschiedlichen Spannungen (5 - 40 g) direkt der Einlaufwalze zugeführt worden. In der Trockenzone wurde trotzdem eine konstante Zugbeanspruchung erzielt und zwar dadurch, daß der Fadenabzug nicht durch die Abzugswalze, sondern durch eine nachgeschaltete, auf konstante Drehmomente einzustellende elektro-motorische Fadenwinde erfolgte. Die Abzugsspannung betrug dabei 20 und 40 g. Wie vorher sind die Kraftdehnungslinien getrennt für Baumwolle, Zellwolle und Reyon jeweils trocken und naß zusammen- und gegenübergestellt worden (vergl. hierzu die Abb. 35, 36 und 37).

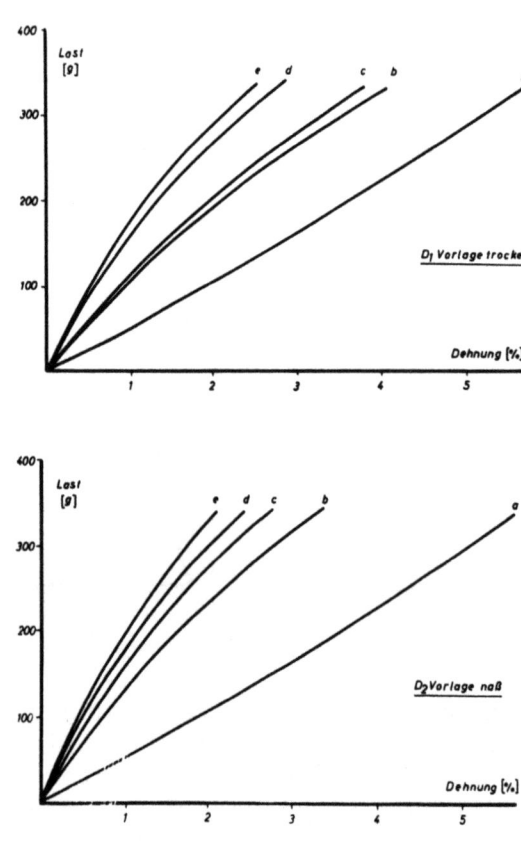

Abbildung 35

Veränderungen der Kraftdehnungscharakteristik bei den Versuchen mit der im Laboratorium eingesetzten Prüfmaschine. Betrieb ohne Vorlaufgerät, mit konstanter Zugbeanspruchung in der Trockenzone

Material: Baumwolle Nm 50

a) Ausgangsmaterial
b) Vorlaufspannung 5 g; in der Trockenzone 20 g
c) Vorlaufspannung 40 g; in der Trockenzone 20 g
d) Vorlaufspannung 5 g; in der Trockenzone 40 g
e) Vorlaufspannung 40 g; in der Trockenzone 40 g

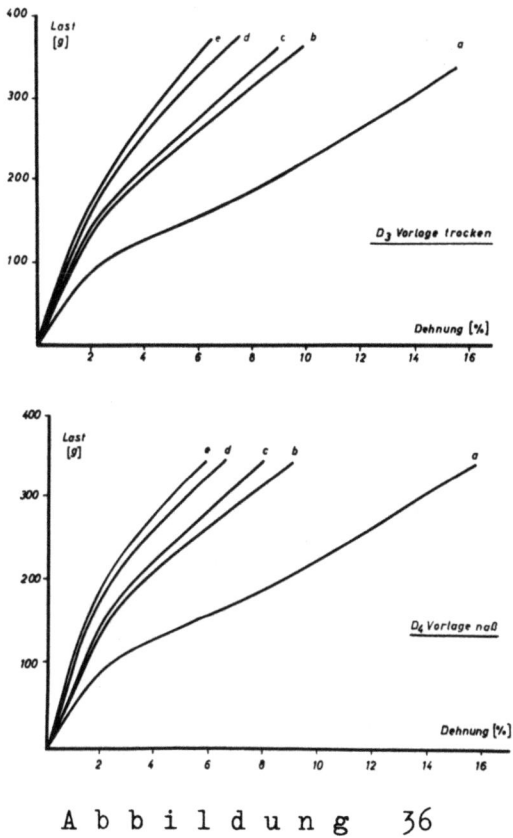
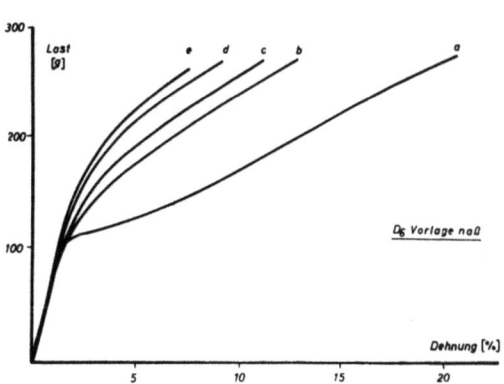
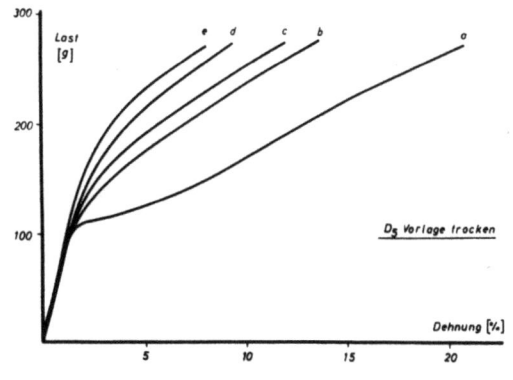

Abbildung 36

Veränderung der Kraftdehnungscharakteristik bei den Versuchen mit der im Laboratorium eingesetzten Prüfmaschine. Betrieb ohne Vorlaufgerät, mit konstanter Zugbeanspruchung in der Trockenzone
Material: Zellwolle Nm 50
a) Ausgangsmaterial
b) Vorlaufspannung 5 g; Zugspannung in der Trockenzone 20 g
c) Vorlaufspannung 40 g; Zugspannung in der Trockenzone 20 g
d) Vorlaufspannung 5 g; Zugspannung in der Trockenzone 40 g
e) Vorlaufspannung 40 g; Zugspannung in der Trockenzone 40 g

Abbildung 37

Veränderung der Kraftdehnungscharakteristik bei den Versuchen mit der im Laboratorium eingesetzten Prüfmaschine. Betrieb ohne Vorlaufgerät, mit konstanter Zugbeanspruchung in der Trockenzone
a) Material: Reyon Td 120
a) Ausgangsmaterial
b) Vorlaufspannung 5 g; Zugspannung in der Trockenzone 20 g
c) Vorlaufspannung 40 g; Zugspannung in der Trockenzone 20 g
d) Vorlaufspannung 5 g; Zugspannung in der Trockenzone 40 g
e) Vorlaufspannung 40 g; Zugspannung in der Trockenzone 40 g

5.15 Besprechung der Ergebnisse

Sowohl hinsichtlich der in der Trockenzone ermittelten Zugbeanspruchungen als auch bei den aufgenommenen Kraftdehnungscharakteristiken zeigten sich den Erwartungen entsprechend klare Tendenzen.

Fadenspannungen, die beim Abziehen des Fadenmaterials an dem Vorlagekörper wirksam werden, haben Längenänderungen zur Folge. Diese sind unterschiedlich groß und von der Höhe der Fadenspannung, der Materialart und dem Materialzustand (trocken oder naß) abhängig. Die durchgeführten Versuche zeigen, wie unter gegebenen Voraussetzungen die Vorgänge in der Prüfstrecke (Trockenzone) durch Vorlaufspannungen beeinflußt werden. Erwünscht ist die Erzielung einer geringstmöglichen Längenänderung des Fadens zwischen Vorlagekörper und Einlaufwalze. Das läßt sich durch Anwendung kleiner Fadenspannungen erreichen. Bei Baumwolle bewirken schon gegenüber der Bruchlast verhältnismäßig kleine Fadenspannungen auch im trockenen Zustand relativ große Längenänderungen. Günstigere Verhältnisse sind bei den Zellwollgespinsten und bei Reyon gegeben. Hier gilt, daß Fadenspannungen unter einer bestimmten Größe beim trockenen Faden keine bemerkenswerten bleibenden Längenänderungen erzeugen können. Anders ist das allerdings, wenn ein solches Material im nassen Zustand beansprucht wird. Dann ergeben bereits relativ kleine Fadenspannungen große Längenänderungen, was zu einer entsprechenden Beeinflussung der Vorgänge in der Trockenzone führt.

Die Aufgabe eines Vorlaufgerätes, wie es analog auch bei modernen Schlichtmaschinen Verwendung findet, ist es, das Fadenmaterial im trockenen Zustand der Prüfmaschine (bzw. dem Schlichtetrog) anzuliefern. Dabei auftretende, unter bestimmten Voraussetzungen unterschiedlich hohe Zulaufspannungen wirken sich dann nur auf das trockene Material aus. Die nasse Stelle, die sich durch die Benetzung vor der Einlaufwalze (bzw. im Schlichtetrog vor den Quetschwalzen) bildet - also ehe das Fadenmaterial den Klemmpunkt passiert - kann bei dem zwischen Vorlaufgerät und Einlaufwalze bestehenden konstanten Getriebeverzug nur eine Dehnung erfahren, die diesem Getriebeverzug entspricht.

Anders liegen die Verhältnisse, wenn das Fadenmaterial von der Vorlagespule her bereits im nassen Zustand dem Vorlaufgerät zuläuft. Der vergleichbare Vorgang bei der Schlichtmaschine ist dann gegeben, wenn vom Bleichen oder Färben her nasse Zettelbäume zur Vorlage kommen. Hier wirken die Vorlaufspannungen bereits vor dem Vorlaufgerät auf den nassen Faden ein und führen, abhängig von den gegebenen Materialeigenschaften, im nassen Zustand zu mehr oder weniger großen Längenänderungen. In einem solchen Falle kann die dem Vorlaufgerät zugedachte Aufgabe von diesem nicht in der gewünschten Weise erfüllt werden.

In die Laboratoriumsversuche wurde auch eine Anordnung einbezogen, die vorsieht, daß zwischen Vorlaufgerät und Einlaufwalze unabhängig von den vor dem Vorlaufgerät wirkenden Fadenspannungen eine konstante, in der

Größe verhältnismäßig niedrig liegende Fadenspannung eingestellt wird
(10 g). Eine Parallele dazu ist bei den bisher bekannt gewordenenen
Schlichtmaschinenanordnungen nicht gegeben. Die damit gefundenen Ergebnisse vermitteln weitere Hinweise und sollten deshalb ebenfalls in die
Betrachtungen einbezogen werden.

Das Einstellen konstanter Zugkräfte in die Trockenzone mittels der Fadenwinde (Elfawinde) entspricht dagegen entsprechenden Vorbildern in der
Betriebspraxis. Dort wird die Kettbahn zwischen Schlichtetrog und Bäumgestell mit immer gleichbleibender Spannung geführt, wenn eine gewichtsbelastete Tänzerwalze Verwendung findet, die das Geschwindigkeitsverhältnis über ein in die Antriebsvorrichtung eingeordnetes Regelgetriebe
selbsttätig nachsteuert. Gleichartige Wirkungen können auch bei dem
Einsatz von Gleichstrom-Mehrmotorenantrieben erzielt werden.

Den Diagrammen der Abbildung 26 bis 37 können bezüglich der Auswirkungen des Getriebeverzuges zwischen Einlauf- (Schlichtetrog) und Abzugswalze (Bäumgestell) und unterschiedlicher Vorlaufspannung bei Lauf 'mit'
und 'ohne' Vorlaufgerät und für trocken und naß zugeführte Fäden folgende wichtige Aussagen entnommen werden:

a) Eine Erhöhung des Getriebeverzugs bringt in jedem Falle eine Verminderung der Dehnbarkeit des behandelten Fadenmaterials.

b) Die Größe der Vorlaufspannung, mit welcher der Faden der Prüfmaschine zugeführt wird, wirkt sich bei verschiedenen Fadenarten (Baumwolle, Zellwolle, Reyon) unterschiedlich auf die Vorgänge in der Trockenzone (Prüfstrecke) und damit auf die Eigenschaften des behandelten Materials aus.

c) Durch Benetzen des Fadens vor der Klemmstelle an der Einlaufwalze und Betrieb ohne Vorlaufgerät wirkt die Vorlaufspannung auf bereits nasse Fadenstücke ein und führt größere Längenänderungen herbei als sie das trockene Material erfährt. Maßgeblich beeinflußt das Netzvermögen und die zeitliche Dauer der Einwirkung diese Erscheinung.

d) Ein mit konstantem Getriebeverzug von der Einlaufwalze aus angetriebenes Vorlaufgerät führt zu einer immer gleichbleibenden, der Größe des Getriebeverzuges entsprechenden Längung des bereits vor der Einlaufwalze benetzten Fadens. Diese ist unabhängig von der Größe der Vorlaufspannungen, die in diesem Fall nur auf das trockene Material einwirken können.

e) Bei einem naß vorgelegten Faden verliert das Vorlaufgerät an Wirksamkeit. Der Faden erfährt größere Längenänderungen bereits vor dem Einlaufen in die Vorlaufzone.

f) Das Einhalten konstanter Fadenspannungen zwischen Vorlaufgerät und Einlaufwalze führt bei trocken zugeführtem Material zu einem weitgehenden Ausgleich der Zugspannungen in der Trockenzone (vergl. Abb. 23 bis 25). Entsprechend wirken sich die Vorlaufspannungen auch nicht auf die Dehnungseigenschaften des behandelten Fadenmaterials aus. (Vergl. die oberen Diagramme der Abb. 32 bis 34). Erwartungsgemäß bleibt die günstige Wirkung aus, wenn die Vorlaufspule naß ist. Das wird deutlich aus den unteren Diagrammen der Abbildungen 32 bis 34.

g) Günstig im Sinne einer möglichst gleichmäßigen Behandlung des Fadens in der Trockenzone und einer Erzielung gleichartiger Dehnungscharakteristiken nach erfolgter Behandlung ist auch die Einstellung konstanter Zugkräfte in der Trockenzone. Hierdurch werden die Auswirkungen ungleicher Vorlaufspannungen zum Teil aufgehoben. Eine Bestätigung für diese Erkenntnisse bringen die Abbildungen 35 bis 37, die wiederum für Baumwolle, Zellwolle, Reyon und für den trocken und naß zugeführten Faden gelten.

Abschließend bleibt darauf hinzuweisen, daß die bezüglich der Vorteile eines selbsttätig auf konstante Fadenspannung gestellten Vorlaufgerätes und eines Spannungsausgleichs in der Trockenzone gewonnenen Erkenntnisse nicht ohne weiteres auch auf die Schlichtmaschine zu übertragen sind. Hier wird nicht ein einzelner Faden, sondern eine Fadenschar verarbeitet. Ein Ausgleich kann also nur hinsichtlich der gesamtem wirksamen Zugkraft, nicht aber für einen einzelnen Faden oder eine Fadengruppe erfolgen.

5.2 Untersuchungen im praktischen Betrieb

Die bei den Laboratoriumsuntersuchungen verwendete Prüfeinrichtung entspricht weitgehend den bei einer Schlichtmaschine vorliegenden Gegebenheiten. Bei der Versuchseinrichtung wird das Fadenmaterial von der vorgelegten Aluminiumhülse, bei der Schlichtmaschine von den vorgelegten Zettelbäumen oder einem Schärbaum abgenommen. Die hierbei auftretenden Fadenspannungen (Vorlaufspannungen) bestimmen in einem weitgehenden Maße die Vorgänge in der Trockenzone und die Dehnungseigenschaften des behandelten Kettfadenmaterials.

Es wurde bereits gezeigt (vergl. Abschn. 5.13), daß durch die Vorlaufspannungen eine Dehnung des Fadenmaterials bewirkt wird. Dies führt dazu, daß die durch Walzenumfang und Umlaufzahl bestimmte Lieferung größer ist als die Garnlänge, die vom Vorlagekörper abgefordert wird.

Die von der Vorlaufspannung bewirkte Dehnung ist weitgehend abhängig von den Dehnungseigenschaften und dem Zustand (trocken, naß) des vorliegenden Materials. Vielfach werden Zettelbäume, die vorher gebleicht oder gefärbt wurden, im feuchten Zustand der Schlichtmaschine vorgelegt. Fadenmaterialien, die im nassen Zustand durch kleine Kräfte stark gedehnt werden können, erfahren beim Abziehen von den Zettelbäumen verhältnismäßig große Längenänderungen. Unterschiede in den Fadenspannungen können sich dann dahin auswirken, daß von dem Lieferwerk der Schlichtmaschine sehr unterschiedliche Fadenmengen von den einzelnen Zettelbäumen abgefordert werden. Das führt zu der bekannten Erscheinung, daß trotz sorgfältiger Vorbereitung auf der Zettelmaschine die auf der Schlichtmaschine gleichzeitig angelegten Zettelbäume unterschiedlich rasch ablaufen und auf einzelnen Bäumen relativ große Restlängen verbleiben.

Um die Aufnahmefähigkeit eines naß von den Zettelbäumen zulaufenden Kettfadenmaterials für die Schlichte zu verbessern, werden dem Schlichtetrog vielfach Trockenzylinder vorgeordnet. Die für das Lieferwalzenpaar der Schlichtmaschine angestellten Überlegungen gelten dann sinngemäß für die Fadenstrecke und Vorlaufspannungen zwischen Zettelbäumen und Trockenzylinder.

Auch ein trocken zulaufendes Fadenmaterial wird unter Umständen Längenänderungen durch die wirksamen Vorlaufspannungen erfahren, die seiner Naßcharakteristik entsprechen, wenn die gesamte Kettbahn vor dem Lieferwalzenpaar bereits in die Schlichte eingetaucht wird. Selbst dann, wenn die Kettbahn ohne vorheriges Tauchen direkt einem Lieferwalzenpaar der Schlichtmaschine zuläuft, ist mit einer gewissen Vorbenetzung zu rechnen. Die mit Schlichthosen oder -tüchern überzogene Walze benetzt den Faden bereits, ehe er die eigentliche Klemmstelle durchlaufen hat (Abb. 52a).

Wird vor dem Schlichtetrog ein besonders, gegenüber den Abquetschwalzen um einen geringen Betrag langsamer laufendes Lieferwalzenpaar (Vorlaufwalze) angeordnet, dann übernimmt dieses den Abzug der trockenen Fäden von den Vorlagebäumen. Das vor der Klemmstelle im Schlichtetrog benetzte Fadenmaterial erfährt dann lediglich eine geringe, stets gleichbleibende

Dehnung durch die gegenüber dem Vorlaufwerk eingestellte Voreilung der Abquetschwalzen.

5.21 Ablauf- und Bremsanordnungen für die Zettelbäume

Offenbar ist die Bedeutung, die der für die einzelnen Fäden untereinander gleichen, während des Arbeitsvorganges gleichbleibenden Vorlaufspannung zukommt, noch wenig erkannt. Die für die Zettelbäume angewandte Bremsung wird vielfach recht primitiv betrieben und den Erfordernissen nur in ungenügender Weise gerecht. Die Forderungen, die an eine einwandfreie Bremsung der Zettelbäume zu stellen sind, sollen daher erläutert werden. Es wird jedoch darauf verzichtet, auf konstruktive Einzelheiten der in der Praxis verwendeten Bremseinrichtungen einzugehen. In diesem Zusammenhang ist aber kurz davon zu berichten, wie versucht wurde, durch elektrische Bremsmaschinen einen völlig gleichen Ablauf der einzelnen Zettelbäume zu erreichen und welche anderweitigen Möglichkeiten gesehen werden, den hier zu stellenden Anforderungen besser als mit den bisher üblichen Bremsvorrichtungen zu entsprechen [8].

5.211 Übliche Gestellanordnungen und Bremsvorrichtungen

Wenn in der Praxis für die einer Schlichtmaschine vorgeordneten Zettelbäume vielfach eine Kettbahnführung nach Art der Prinzipskizze (Abb.38a)

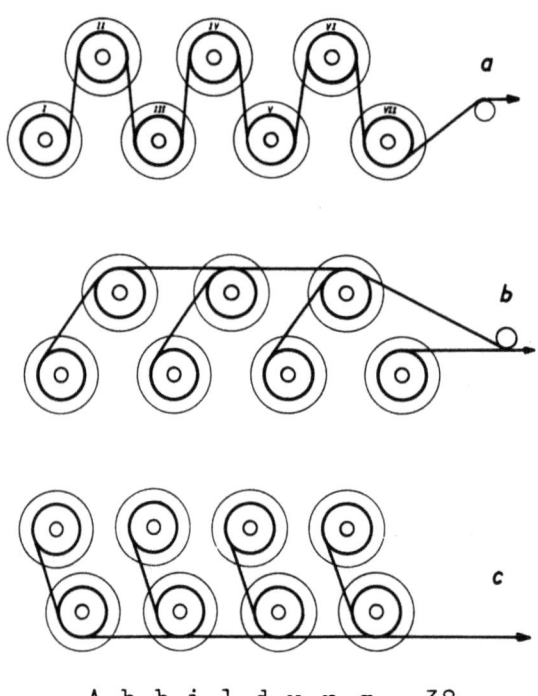

A b b i l d u n g   38
Anordnung mechanisch gebremster Zettelbäume an der Schlichtmaschine

angewandt wird, dann ist hierfür vermutlich die Überlegung maßgebend, daß auf diese Weise alle Kettbäume die gleiche Umfangsgeschwindigkeit annehmen sollen.

Nicht berücksichtigt wird, daß das Fadenmaterial durch die auftretenden Zugspannungen einer unterschiedlichen Dehnung unterworfen ist. Die Kettfadenschar von dem Zettelbaum I erfährt eine stärkere Anspannung als das Fadenmaterial, das von dem Zettelbaum VII abläuft, da es stärker an der Überwindung der Reibungskräfte an allen Zettelbäumen beteiligt wird.

Tatsächlich ist bei Fadenspannungsmessungen an solchen Anordnungen festzustellen, daß recht unterschiedliche Fadenspannungen für einzelne, den verschiedenen Zettelbäumen zuzuordnende Fäden vorliegen. Das führt unter Umständen dazu, daß in der Kettbahn vor dem Schlichtetrog einzelne Fäden locker durchhängen. Keinesfalls wird der Vorgang verbessert, wenn nur an einzelnen Zettelbäumen gebremst wird.

Bessere Voraussetzungen für den Ablauf der Kettfadenscharen sind gegeben, wenn die Kettbahnführung nach Art der mit Abbildung 38b und c gezeigten prinzipiellen Anordnungen erfolgt.

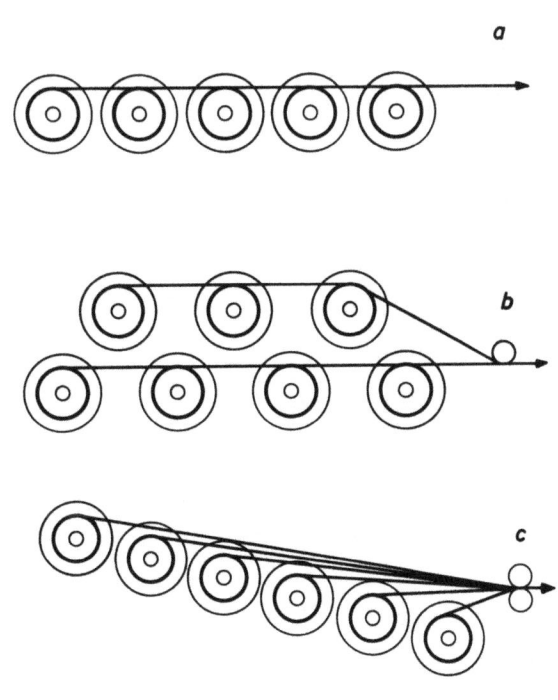

A b b i l d u n g   39
Anordnung mechanisch gebremster Zettelbäume an der Schlichtmaschine

Noch richtiger ist es aber, wenn vom Schlichtetrog her das Kettfadenmaterial von jedem einzelnen Zettelbaum direkt angefordert wird. (Abb.39a, b und c). Hierbei ist dafür zu sorgen, daß für alle Zettelbäume gleiche Bremskräfte vermittelt werden.

5.212 Elektrische Bremsmaschinen

Die Erfüllung der Forderung nach gleichen Bremskräften für alle Zettelbäume ist mit den in der Praxis üblichen Bremseinrichtungen nicht leicht möglich. Durch Verschmutzen der Bremsen ergeben sich unterschiedliche Reibungskoeffizienten. Um den sich durch Abnahme des Zettelbaumdurchmessers ändernden Verhältnissen Rechnung zu tragen, ist außerdem ein dauerndes Nachstellen der Bremsen erforderlich, um die Bremswirkung zu vermindern. Diese Arbeiten sind weitgehend von subjektiven Einflüssen abhängig.

Die Bedeutung, die den Vorlaufspannungen zukommt, würde es rechtfertigen, bezüglich der Zettelbaumbremsen einen besonderen Aufwand zu treiben und durch hydraulisch, pneumatisch oder auch elektrisch wirksame Bremsvorrichtungen zumindest der Forderung Rechnung zu tragen, daß alle Zettelbäume die gleiche Bremswirkung erfahren.

Versuchsweise wurde das einer Baumwoll - Zellwollschlichtmaschine vorgeordnete Zettelbaumgestell mit elektrischen Bremsmaschinen ausgestattet. Hierbei war die Überlegung maßgebend, daß es nicht nur darauf ankommt, während des Laufs der Schlichtmaschine und auch bei Kriechgang konstante Fadenspannungen zu erzielen, sondern die Vorlaufspannung auch bei Stillstand der Maschine aufrecht zu erhalten. Hierdurch ist ein Durchhang der Kettbahn zu vermeiden, der beim Stillsetzen leicht durch Nachlaufen der Zettelbäume entstehen kann.

Bei den elektrischen Bremsmaschinen handelt es sich um Drehstrom-Asynchron-Maschinen in Spezialausführung mit Schlupfläufern. Ständer- und Läuferwicklungen sind dabei so angelegt, daß sich auch bei dauerndem Stillstand bzw. Lauf gegen das Drehfeld keine unzulässigen Erwärmungen ergeben.

Von der Kettbahn werden die Bremsmaschinen über die Zettelbäume entgegen der Drehrichtung des Drehfeldes durchgezogen. Sie entwickeln hierbei Drehmomente, deren Größe von der an die Ständerwicklung angelegten Spannung abhängt.

Als besonders vorteilhaft wurde die mit dem Schaltbild Abbildung 40 gezeigte Anordnung gefunden.

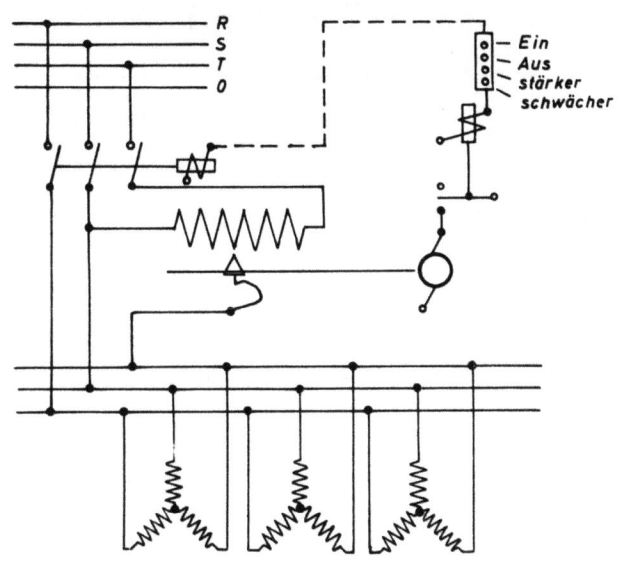

Abbildung 40

Schaltbild einer elektrischen Bremsmaschinenanordnung für die Zettelbaumvorlage an der Schlichtmaschine

Hierbei bleiben zwei Phasen der Ständerwicklung dauernd am Netz, während die dritte Wicklung an die Anzapfung eines zwischen zwei Netzphasen gelegten Transformators in Sparschaltung erfolgt. Dadurch lassen sich - wie die Drehmomentencharakteristik Abbildung 41 zeigt - stark unterschiedliche Drehmomentcharakteristiken einstellen und die jeweils erforderlichen Bremsmomente erzielen.

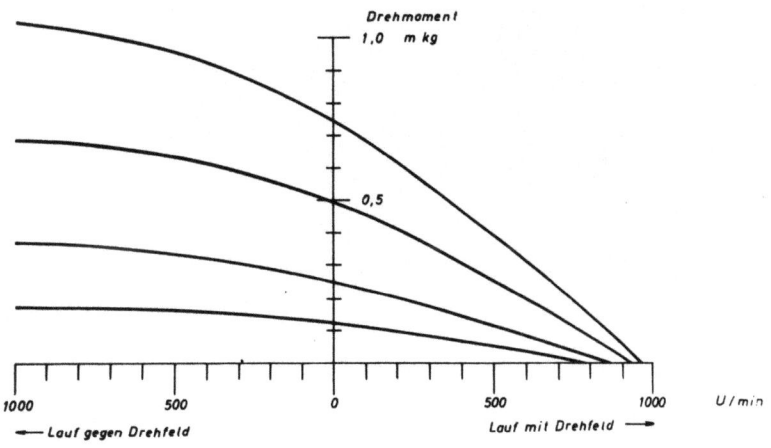

Abbildung 41

Drehmomentcharakteristik der Bremsmaschine

Ohne weiteres ist es mit einer solchen Anordnung auch möglich, den Durchmesseränderungen der ablaufenden Zettelbäume Rechnung zu tragen und eine selbsttätige Drehmomentverminderung der Bremsmaschinen für die kleiner werdenden Durchmesser zu bewirken. Dies erfolgt in der Weise, daß in die dem Schlichtetrog zulaufende Kettbahn eine Pendel- oder Tänzerwalze, gegebenenfalls eine solche Anordnung mit wegloser Kraftmeßeinrichtung eingeordnet wird, von der aus der Regeltransformator entsprechend anzusteuern ist.

Der besondere Vorteil der Bremsmaschinen wird darin gesehen, daß die durch die Vorlaufspannung bewirkte Dehnung des Fadenmaterials für alle Bäume gleich ist und auf diese Weise von der Schlichtmaschine her von allen Zettelbäumen gleiche Fadenlängen angefordert werden. Vorausgesetzt ist hierbei eine Baumvorlageanordnung nach Abbildung 39a bis c. Bei dem Einsatz der Bremsmaschinen (Abb. 42) hat sich bei den durchgeführten Fadenspannungsmessungen nicht nur gezeigt, daß tatsächlich für die einzelnen Zettelbäume gleiche Fadenspannungen zu erzielen sind, es wurde auch beobachtet, daß die Zettelbäume weitgehend gleichmäßig abliefen und daß die verbleibenden Restfadenlängen erheblich vermindert werden konnten.

Abbildung 42

Einsatz von Bremsmaschinen an einer Schlichtmaschine

5.213 Zwangsläufiger Antrieb der Zettelbäume

Der Forderung nach einem gleichmäßigen Ablauf des Fadenmaterials von allen Zettelbäumen könnte auch dadurch entsprochen werden, daß eine Anordnung nach Abbildung 43 gewählt wird.

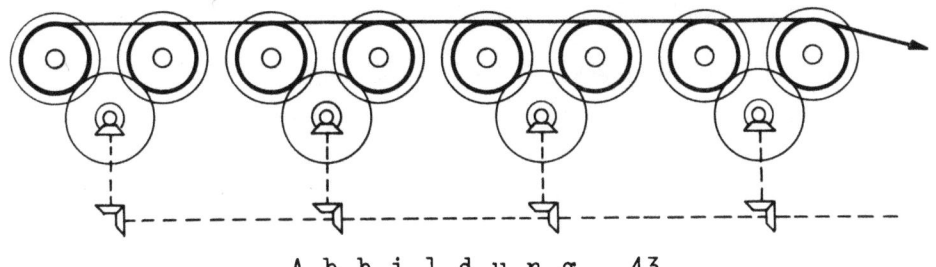

Abbildung 43

Zettelbaumanordnung mit zwangsläufig angetriebenen Tragwalzen

Hier sind besondere, zwangsläufig angetriebene Tragwalzen vorgesehen, wie sie ähnlich bei Zettelmaschinen mit indirektem Antrieb Verwendung finden. Jeweils zwei Zettelbäume stützen sich gegen eine Tragwalze ab. Allen Zettelbäumen wird auf diese Weise eine gleiche Umfangsgeschwindigkeit erteilt.

Der Antrieb der Tragwalzen kann direkt vom Hauptantrieb der Schlichtmaschine aus erfolgen. Dabei ist zweckmäßig ein kleiner Getriebeverzug zwischen dem Zettelbaumgestell und der Schlichtmaschine vorzusehen. Evtl. könnte auch daran gedacht werden, für alle Tragwalzen gemeinsam eine elektrische Bremsmaschine vorzusehen, deren Erzeugung so eingestellt wird, daß sich die gewünschten Bremskräfte ergeben. Eine Berücksichtigung der im Lauf des Arbeitsprozesses sich einstellenden Durchmesseränderungen ist hier nicht erforderlich, da der Durchmesser an der Tragwalze konstant bleibt. Der Einsatz einer solchen Anordnung ist allerdings nur dann möglich, wenn Garn verarbeitet wird, das die dabei auftretende Pressung des Fadenmaterials ohne Qualitätsminderung verträgt.

5.22 Fadenspannungsmessungen an Kettfäden vor dem Schlichtetrog

Die Ermittlung der in der Kettbahn vor dem Schlichtetrog wirksamen Fadenspannungen wäre mit Hilfe einer Meßwalze möglich, die mechanisch oder auch mit Hilfe elektrischer Meßeinrichtungen die gesamte wirksame Fadenspannung ermittelt. Sollen Unterschiede in der Fadenspannung festgestellt werden, die sich für einzelne Fäden von verschiedenen Zettelbäumen oder aufwindebedingt für benachbarte Fäden eines Zettelbaumes ergeben, dann ist zweckmäßig ein dafür geeignetes Fadenspannungsmeßgerät mit elektrischer Meßeinrichtung und elektrischem Tintenschreiber zu verwenden (Elmataster).

5.221 Zeitliche Zugspannungsänderungen

Wird die Bremsvorrichtung am Zettelbaum nicht entlastet, dann steigen die Fadenspannungen mit kleiner werdendem Baumdurchmesser an. Die maximale Zugkraft, die zur Bewegung des Zettelbaumes aufgebracht werden muß, beträgt

$$P_{max} = \frac{M}{r_i}$$

Diese Formel gilt für den kleinsten Zettelbaumdurchmesser, d.h. für den Zeitpunkt, in dem fast die gesamte Garnvorlage abgezogen ist. Die Zugspannung für irgendwelche Baumdurchmesser während des Schlichtevorganges beträgt:

$$P = \frac{M}{R}$$

R ergibt sich zu

$$R = \sqrt{\frac{(L_{ges} - L) \cdot (r_a^2 - r_i^2) + L_{ges} \cdot r_i^2}{L_{ges}}}$$

Die relative Änderung der Zugkraft am Zettelbaum mit konstanter Bremsung bei zunehmender Abzugslänge beträgt

$$\frac{P}{P_{max}} \cdot 100\% = \frac{1}{\sqrt{\frac{L_{ges} - L}{L_{ges}} \left(\frac{r_a^2}{r_i^2} - 1 \right) + 1}} \cdot 100\%$$

Es bedeuten:

    L Abzugslänge

    L_{ges} Fadenlänge auf einem Zettelbaum

    M Drehmoment

    r_i Radius des leeren Zettelbaumes

    r_a Radius des vollen Zettelbaumes

Abbildung 44 zeigt eine Diagrammdarstellung der relativen Zugkraft an Zettelbäumen mit konstanter Bremsung in Abhängigkeit von der Abzugslänge. Im vorliegenden Fall wurde als Durchmesser des vollen Zettelbaumes 600 mm angenommen. Der Durchmesser des leeren Zettelbaumes beträgt 130 mm.

Bei Verwendung von Zettelbäumen mit größerem Kerndurchmesser als im Beispiel angegeben, vermindert sich die Differenz der Zugkräfte, die bei vollen und nahezu leeren Zettelbäumen aufgewendet werden müssen. Aus der Abbildung 44 ist ferner abzulesen, daß insbesondere beim Abzug der letzten 1000 m von den Zettelbäumen ein häufigeres Nachstellen der Bremsanordnung nötig wird. Die Durchmesseränderung je Bezugslänge ist in diesen Lagen wesentlich größer als bei nahezu vollem Vorlagebaum. Damit die Zugspannung nicht eine für den Vorgang abträgliche Erhöhung erfährt, wird also in der Praxis das Bremsmoment durch Nachstellen der Bremse von Hand in zunächst längeren, später kürzeren Zeitabständen verkleinert. Das Ergebnis einer Messung an einem Einzelfaden zeigt Abbildung 45.

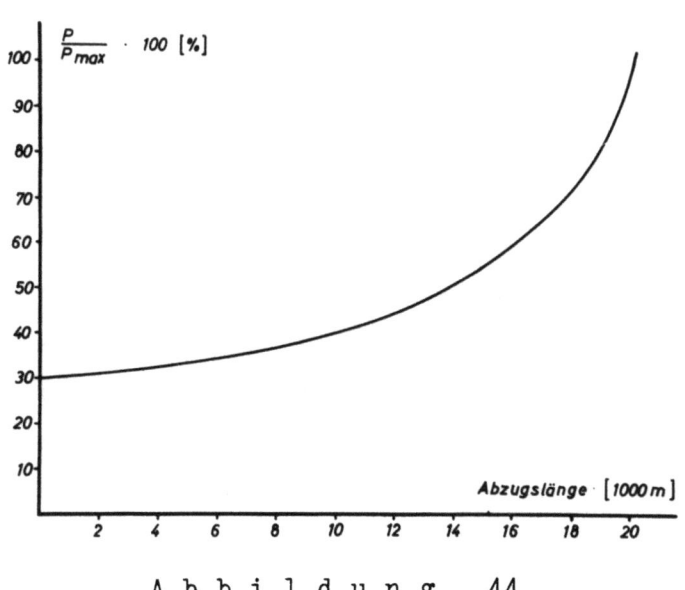

Abbildung 44

Relative Änderung der Zugkraft an Zettelbäumen mit konstanter Bremsung bei zunehmender Abzugslänge

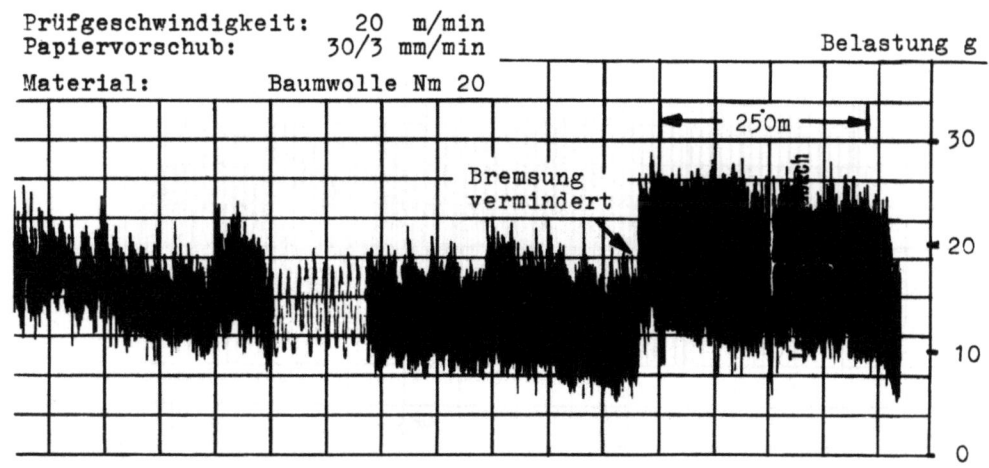

Abbildung 45

Prüfgerät: Elmataster - Vorlaufspannung bei abnehmendem Zettelbaumdurchmesser

Auch hier ist zu erkennen, daß mit dem langsam abnehmenden Zettelbaumdurchmesser ein entsprechender Anstieg der Fadenspannung erfolgt. Um dem entgegenzuwirken, wurde bei dem gekennzeichneten Punkt das Bremsgewicht vermindert und dadurch sprunghaft ein Absinken der Fadenspannung herbeigeführt. In diesem Fall war der überprüfte Zettelbaum schon weitgehend abgelaufen, so daß sich in der Versuchszeit (ca. 60 Minuten) bereits eine relativ große Durchmesseränderung ergab. Dieser Vorgang bildet sich entsprechend langsamer bei vollem Kettbaum aus.

Bei den durchgeführten Fadenspannungsmessungen wurde vielfach eine periodische, mit jedem Umlauf des Zettelbaumes wiederkehrende Spannungsänderung beobachtet. Stärker als bei Abbildung 45 tritt diese bei Abbildung 46 in Erscheinung. Sie ist hier von einer exzentrischen Verlagerung der Wicklung auf den Zettelbaum hervorgerufen worden und auf ein unsachgemäßes Arbeiten der Zettelmaschine zurückzuführen. Es handelte sich um eine rohweiße Partie, bei der andere, durch den Färbevorgang verursachte Wicklungsverlagerungen nicht aufgetreten sein können. Schon eine verhältnismäßig geringfügige Deformierung des Materialkörpers, wie sie durch unsachgemäße Lagerung und durch beim Transport ausgeübte Stöße und Drücke entstehen können, machen sich in einer solchen Weise bemerkbar. Die Exzentrizitäten müssen kein großes Ausmaß haben, wenn bereits mit jedem Zettelbaumumlauf wiederkehrend einmal große Fadenspannungen auftreten, in einer anderen Stellung dagegen der Zettelbaum vorläuft und das Fadenmaterial dabei verschlappt.

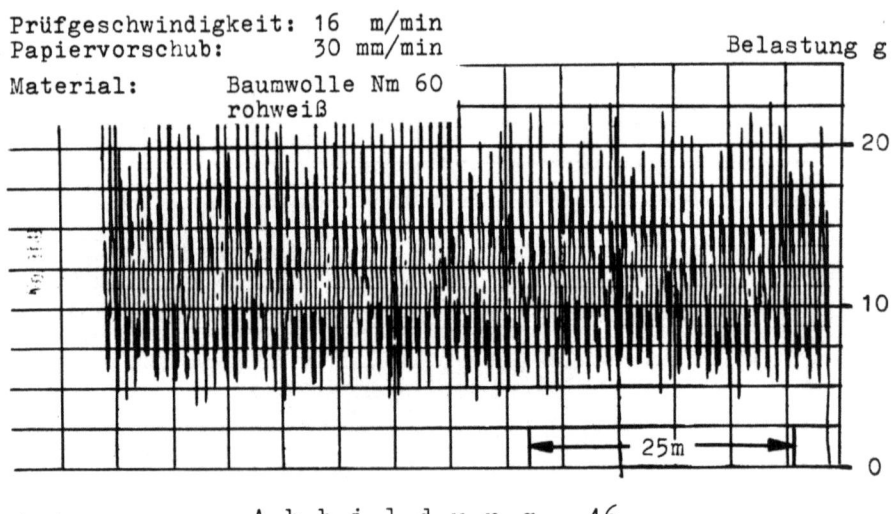

Abbildung 46

Prüfgerät: Elmataster - Vorlaufspannung beim Abzug von einem unrunden Zettelbaum an der Schlichtmaschine

Bei gefärbten feuchten Zettelbäumen ist mit einer Schwerpunktsverlagerung durch eine lagerungsbedingt ungleiche Feuchteverteilung zu rechnen. Dies führt ebenfalls dazu, daß von der Kettbahn einmal Energie aufgebracht werden muß, um den Zettelbaum zu drehen, ein anderes Mal dagegen der Zettelbaum von selbst vorläuft. Es ergeben sich dann gleichartige Schwankungsspiele wie sie mit Abbildung 46 gezeigt werden.

Schließlich muß noch damit gerechnet werden, daß die bei den Zettelbäumen angewandten mechanischen Bremsen mit jedem Umlauf unterschiedlich wirksam sind, etwa dann, wenn die Bremsscheibe einen gewissen Schlag aufweist oder ihre Oberfläche eine unterschiedliche Beschaffenheit hat.

Ein ungleichmäßiges Vorlaufen der Zettelbäume erfolgt auch dann, wenn bei Lauf der Schlichtmaschine mit kleiner Geschwindigkeit (Kriechgang) das Fadenmaterial nicht gleichmäßig, sondern ruckartig angefordert wird. Ein solcher Vorgang lag bei dem mit Abbildung 47 gezeigten Diagramm vor. Während sich bei normalem Betrieb das Lieferwalzenpaar des Schlichtetroges gleichmäßig durchdrehte, lief es - bedingt durch Unzulänglichkeiten im Antrieb - bei Kriechgang stoßweise. Das führte dann zu starken Spannungsstößen, weil auch die Zettelbäume bei einer solchen Arbeitsweise zum Stillstand kamen und jedesmal die Schwungmassen der Zettelbäume erneut in Bewegung gesetzt werden mußten.

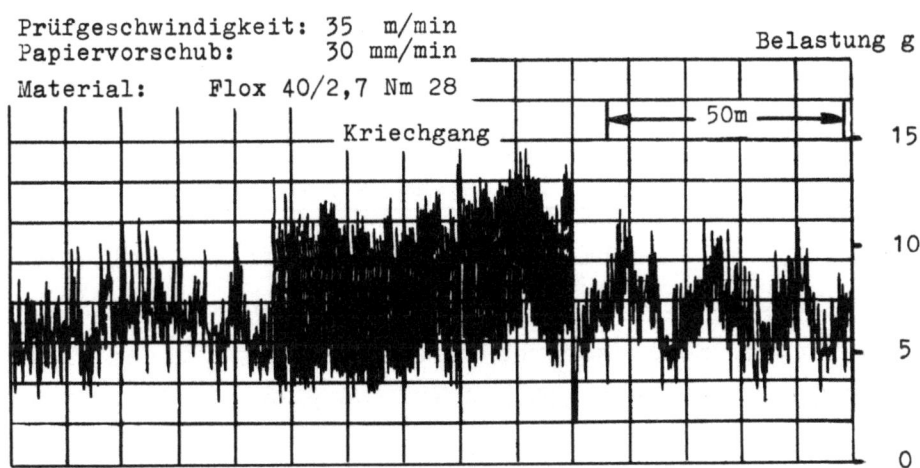

A b b i l d u n g   47

Prüfgerät: Elmataster - Verlauf der Vorlaufspannung während des Kriechgangs der Schlichtmaschine

Erfolgt der Anlauf und der Übergang von Kriechgang auf Betriebsgeschwindigkeit zu rasch, dann sind ebenfalls große zusätzliche Fadenspannungen wirksam, um die vorgelegten Zettelbäume zu beschleunigen.

Umgekehrt hat zu gelten, daß die zur Erzielung verhältnismäßig geringer Fadenspannungen angewandten Bremskräfte kaum in der Lage sind, ein Nachlaufen der Zettelbäume zu vermeiden, wenn zu rasch von Betriebsgeschwindigkeit auf Kriechgang oder Stillstand abgebremst wird. Das führt dann zu einer entsprechenden Verschlappung der Kettfadenschar.

Wird auch bei Kriechgang die Kettbahn durch den Schlichtetrog kontinuierlich bewegt, dann ist zu erwarten, daß sich keine wesentlichen Änderungen der Vorlaufspannung ergeben und lediglich evtl. vorhandene Spiele weiter auseinandergezogen erscheinen. Das wird mit Abbildung 48 aufgezeigt. Zwischenzeitlich wurde auch die Maschine stillgesetzt.

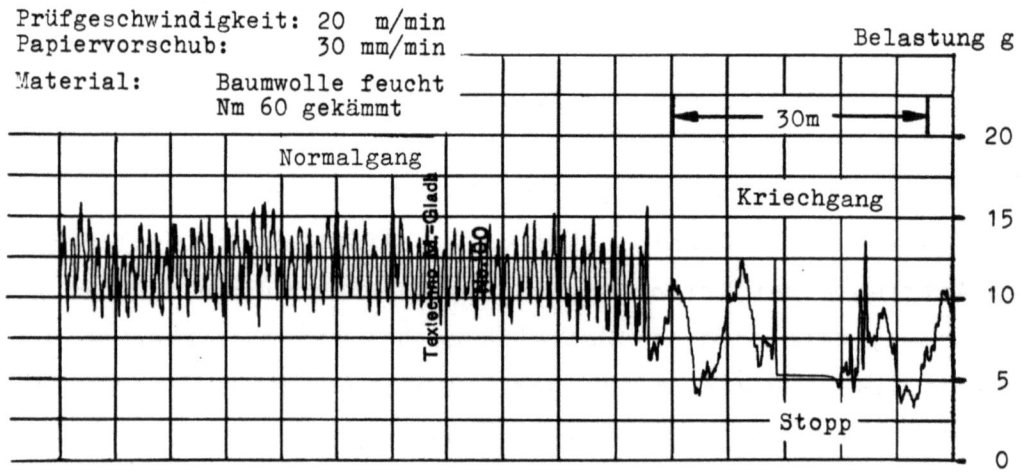

Abbildung 48

Prüfgerät: Elmataster - Vorlaufspannungen bei normalem Lauf, bei Kriechgang und beim Stoppsetzen der Schlichtmaschine

5.222 Unterschiedliche Bremsung einzelner Zettelbäume

Dem Vorgesagten ist zu entnehmen, daß je nach Art, Einstellung und Wirkungsweise der Bremse nicht damit gerechnet werden kann, daß alle zulaufenden und vor dem Schlichtetrog vereinigten Kettbahnen gleiche Zugspannungen erfahren. Das wäre einwandfrei dadurch zu kontrollieren, daß Meßwalzen eingeordnet werden, die jeweils die Fadenschar eines Zettelbaumes erfassen. Da solche Einrichtungen nicht zur Verfügung standen, wurde wiederum an einzelnen Fäden gemessen und hierbei vergleichend festgestellt, welche Unterschiede für Fäden gegeben sein können, die von verschiedenen Zettelbäumen abgezogen werden.

Abbildung 49 zeigt hierzu das Ergebnis einer Messung. Die hier verzeichneten Unterschiede sind recht beträchtlich und lassen außerdem erkennen, daß der mit b bezeichnete Zettelbaum eine Exzentrizität aufweist, die zu periodischen Zugspannungsschwankungen führt.

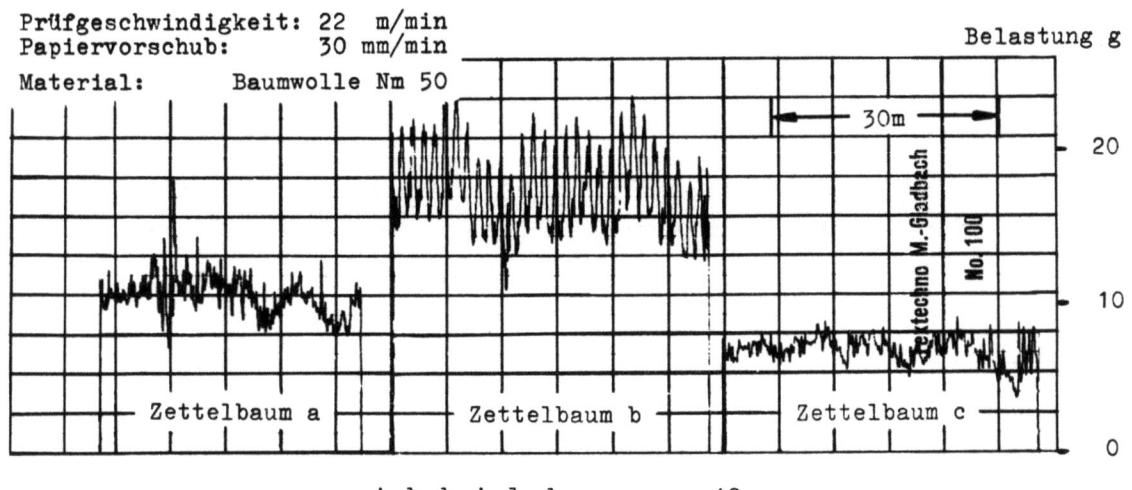

Abbildung 49

Prüfgerät: Elmataster - Unterschiede der Vorlaufspannung bei Fäden, die von verschiedenen Zettelbäumen abgezogen werden

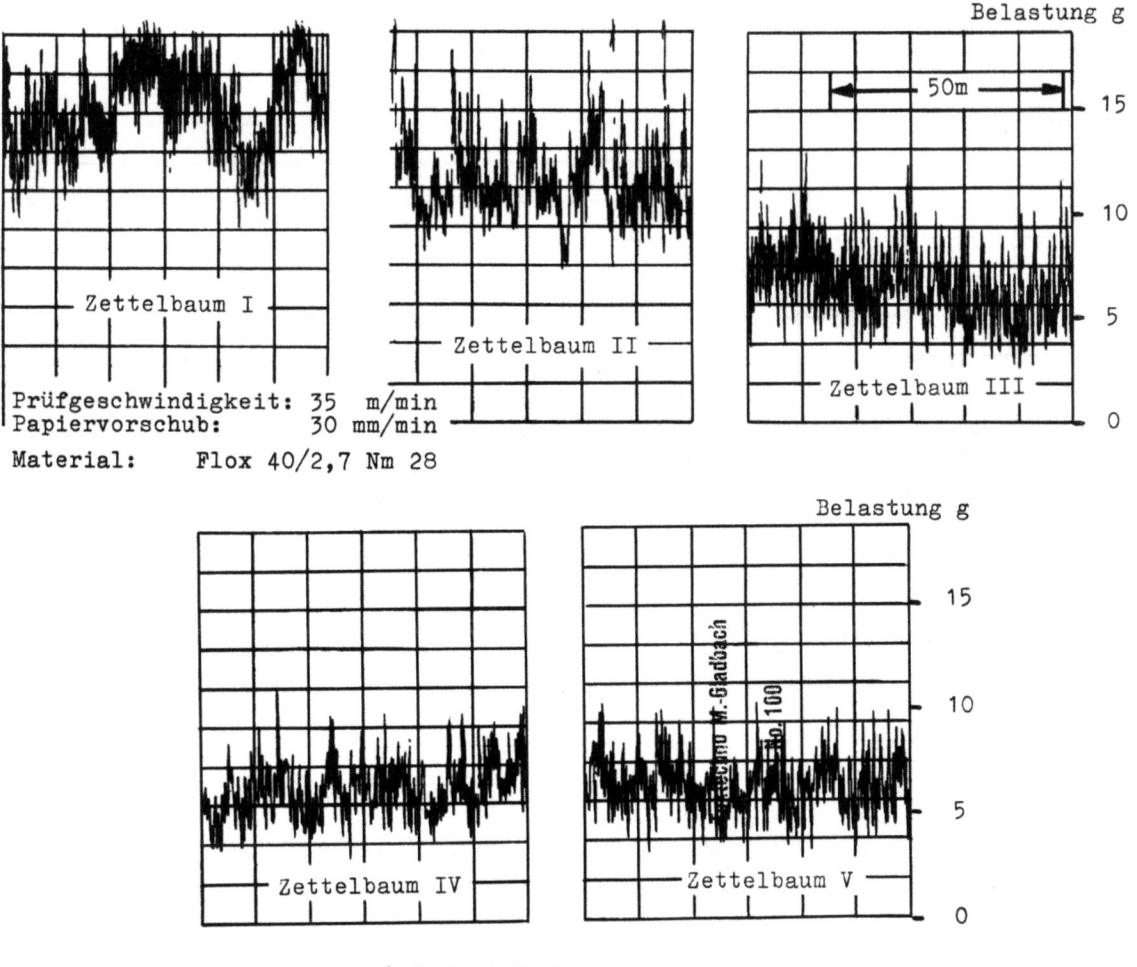

Abbildung 50

Prüfgerät: Elmataster - Messung der Vorlaufspannung an Einzelfäden bei einer Zettelbaumvorlage gemäß Abbildung 38a

Von einer Schlichtmaschine, bei welcher die Kettbahnführung nach Abbildung 38a erfolgte, stammen die Aufnahmen auf Abbildung 50. Es ist zu erkennen, daß die Fadenspannungen bei dem weitesten von der Schlichtmaschine entfernten Zettelbaum I am höchsten sind. Der der Schlichtmaschine an nächsten liegende Zettelbaum V wird dagegen durch die von den anderen Bäumen zulaufenden Kettfäden weitgehend mitgeschleppt. Die hiervon abgenommenen Fäden fügen sich mit geringer Spannung in die Kettfadenschar ein. Es besteht also der erwünschte Zustand, daß durch die Art der Kettbahnführung stark unterschiedliche Fadenspannungen für die von den einzelnen Zettelbäumen abgenommenen Fäden gegeben sind.

5.223 Unterschied von Faden zu Faden bei einem Zettelbaum

Es ist nicht zu erwarten, daß bei einer Überprüfung von Fäden, die vom gleichen Baum aus dem Schlichtetrog zulaufen, größere Fadenspannungsunterschiede gegeben sind. Diese wären im übrigen nur damit zu erklären, daß beim Zetteln die Fäden nicht in der vorgesehenen Weise auflaufen und die Baumoberfläche Erhöhung und Vertiefungen aufweist.

Abbildung 51 zeigt das Ergebnis einschlägiger Untersuchungen. Es läßt sich feststellen, daß keine wesentlichen Unterschiede vorlagen. Aller-

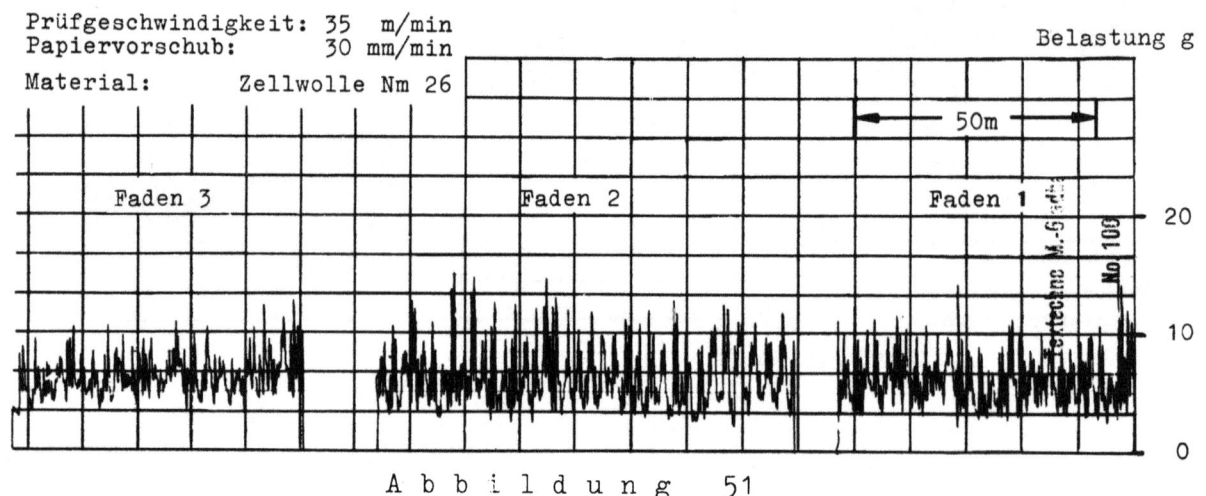

A b b i l d u n g   51

Prüfgerät: Elmataster - Unterschiedliche Vorlaufspannungen beim Abzug verschiedener Fäden von einem Zettelbaum

dings können sich unter Umständen die Vorgänge beim Zetteln als Fadenspannungsunterschiede auswirken. Bedingt durch eine unterschiedliche Fadenbremsung am Zettelgatter werden Fäden dem Zettelbaum mit verschieden großen Spannungen zugeführt. Ein mit größerer Fadenspannung auflaufender Faden legt sich straffer auf den Kettbaum auf und ist dadurch mit kleinerer Windungslänge aufgebracht als ein locker zulaufender Faden.

Außerdem gilt, daß durch Zugspannungen die Kraftdehnungseigenschaften beeinflußt werden. Ein überdehnter Faden mit einem entsprechend steileren Anstieg der Kraftdehnungslinie hat dann beim Abziehen vom Zettelbaum wiederum die Neigung, sich an der Lastübernahme stärker zu beteiligen als Fäden, die eine größere Dehnbarkeit aufweisen.

5.23 Führung der Kette am Schlichtetrog

Das eigentliche Schlichten, d.h. das Aufbringen einer Präparation auf die in der Kettbahn vereinigten Fäden, geschieht im Schlichtetrog. Dieser besteht im wesentlichen aus einem - meist doppelwandigen - Bottich, den Tauch- und den zwangsläufig angetriebenen Quetschwalzen. Zusätzlich vorgesehene Umlenkwalzen dienen der Kettbahnführung vor und nach dem Schlichtetrog.

Auf Einzelheiten, die Konstruktion der Schlichtmaschine, die Vorbereitung, Beheizung und Regelung des Schlichteniveaus betreffend, wird an dieser Stelle nicht eingegangen. Hierzu ist auf die einschlägige Fachliteratur zu verweisen [2].

Mitunter wird die Kette nach Austritt aus dem Schlichtetrog durch rotierende Bürsten bearbeitet. Diese Maßnahme soll dazu dienen, daß abstehende Fäserchen an den Faden angeklebt werden. An anderen Stellen werden statt der Bürsten Teilstäbe benutzt, die langsam rotieren. Auch hierdurch läßt sich eine Glättung der Fadenoberfläche erreichen. Gleichzeitig erfolgt dabei eine Vorvaufteilung benachbarter Kettfäden, die leicht miteinander verklebt sein können. Sofern zur Führung des Kettmaterials in dem Schlichtetrog Tauchwalzen Verwendung finden, werden diese meist aus starkwandigem Kupferrohr hergestellt, das in axialer Richtung mit wellenförmigen Riefen versehen ist.

Die Abquetschwalzen haben glattes Profil und bestehen wegen des teilweise sehr hohen Anpreßdrucks aus massivem Kupfer, oder es sind massive Eisenwalzen mit Kupferüberzug. Wird mit zwei Abquetschwalzenpaaren gearbeitet, so besorgt das letzte Walzenpaar bei einem großen Preßdruck das eigentliche Abquetschen der Schlichte, während das erste Walzenpaar bei leichtem Preßdruck das Eindringen der Schlichte in das Garn fördern soll. Um hierbei eine möglichst gleichmäßige Benetzung zu erzielen, werden die oben angeordneten Druckwalzen mit Schlichtetüchern oder Schlichtehosen bezogen.

Mit Abbildung 52 wird an Hand von Prinzipskizzen gezeigt, wie die Kettbahnführung bei verschiedenen Schlichtetrogkonstruktionen erfolgt.

Bei 52a durchläuft die Kette lediglich das Abquetschwalzenpaar ohne direkt in die Schlichte eingetaucht zu werden. Die Benetzung erfolgt durch die in die Schlichtemasse eintauchende untere Abquetschwalze. Diese Art der Kettbahnführung ist vornehmlich bei Schlichteanlagen zu finden, die Garne sehr feiner Nummer, insbesondere auch Reyon und anderes endloses Fadenmaterial verarbeiten. Bei der Anordnung nach 52b werden die beiden Walzen von der Kettbahn weitgehend umschlungen. Die Fäden tauchen hierbei in die Schlichteflüssigkeit. Erreicht wird dadurch eine längere Einwirkung und ein besseres Eindringen der Schlichte in das Fadengefüge. Dieses Verfahren wird allgemein in der Baumwoll- und Wollschlichterei angewendet, und wenn es sich im die Verarbeitung gröberer Garnnummern handelt. Abbildung 52c zeigt eine Kombination der Walzenanordnungen von a und b. Hierdurch ist - wie vorstehend schon ausgeführt - ein ausreichendes Benetzen der Fäden mit der Schlichteflüssigkeit und ein guter Abquetscheffekt zu erreichen.

Abbildung 52d gilt für eine Kettbahnführung mit einer besonderen Tauchwalze. Vor den beiden nachgeordneten Quetschwalzenpaaren wird hierbei die Kettbahn frei durch die Schlichtemasse geführt, anschließend zunächst leicht und vom zweiten Walzenpaar endgültig abgequetscht.

Bei allen diesen Schlichtetrogkonstruktionen erfolgt die Anforderung des von den Zettelbäumen oder dem vorgelegten Schärbaum zulaufenden Fadenmaterials direkt durch die Quetschwalzen im Schlichtetrog. Die wirksamen Zugspannungen treffen dadurch auf das kurz vor dem eigent-

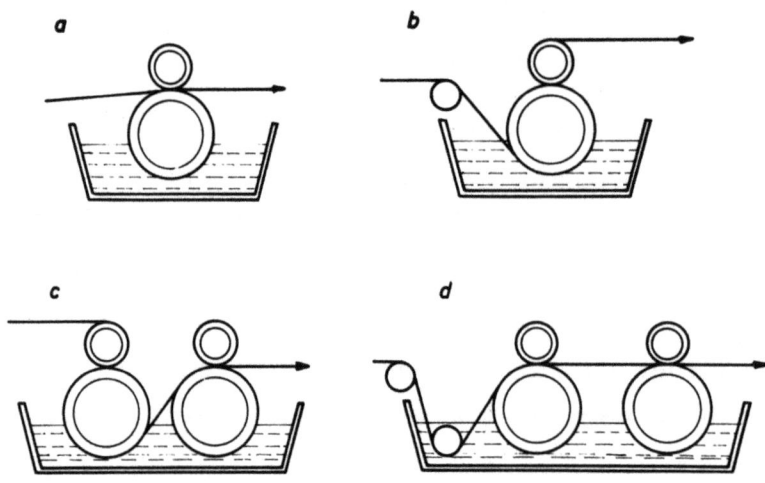

Abbildung 52

Führung der Kette am Schlichtetrog. Abzug des Fadenmaterials von den Zettelbäumen durch die Abquetschwalzen (ohne Vorlaufwalze)

lichen Klemmpunkt schon feuchte bzw. nasse Fadenmaterial. Insbesondere hat dieser Hinweis für einen Schlichtetrog nach Abbildung 52d zu gelten. Hierbei findet das Fadenmaterial schon vor der Abquetschstelle Gelegenheit, sich stark mit Feuchtigkeit anzureichern. Fadenmaterialien, die im nassen Zustand wesentlich dehnbarer sind als im normalen lufttrockenen, erfahren in solchen Fällen durch die wirksamen Vorlaufspannungen unerwünschte Längenänderungen.

Neuerdings wird deshalb vielfach dem Schlichtetrog eine besondere Vorlaufwalze vorgeordnet, die zwangsläufig angetrieben ist. Die Höhe des hierbei anzuwendenden Getriebeverzuges muß so gewählt werden, daß die zwischen Vorlaufwalze und Schlichtetrog geführte Kettbahn eine leichte Anspannung erfährt. Fadenspannungsänderungen, die durch unterschiedliche Bremsung der vorgelegten Schär- oder Zettelbäume bewirkt werden oder die sich durch die Verminderung der Baumdurchmesser ergeben, können bei einer solchen Vorlaufwalze nur zu unterschiedlichen Dehnungen zwischen Baum und Vorlaufwalze führen. In diesem Teil der Schlichtmaschine erfährt die Kette jedoch keine Benetzung. Eine Auswirkung der Zugspannungen auf die Fadeneigenschaften (Überdehnungen) ist somit weitgehendst vermieden. Zwischen Vorlaufwalze und Schlichtetrog ist eine dem Getriebeverzug entsprechende Längenänderung gegeben, die unabhängig davon ist, ob und wieweit das Fadenmaterial vor dem Klemmpunkt am Lieferwalzenpaar im Schlichtetrog benetzt wird.

Der grundsätzliche Aufbau eines Schlichtetroges mit Vorlaufgerät ist aus Abbildung 53 ersichtlich. Die Vorlaufwalze wird hier von der längs der Schlichtmaschine verlaufenden Hauptantriebswelle über ein PIV-Getriebe angetrieben. Durch Veränderungen des Übersetzungsverhältnisses kann der Vorlaufwalze die gewünschte Geschwindigkeit erteilt werden.

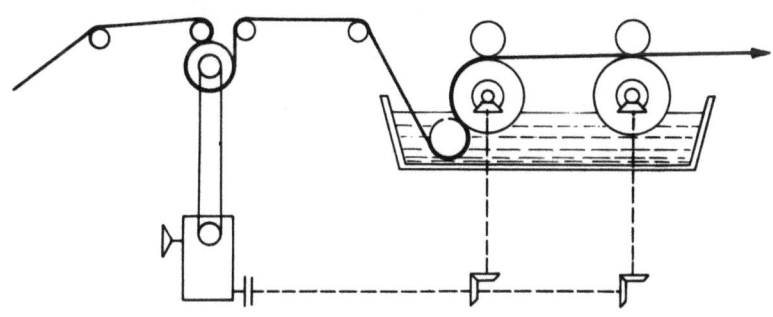

Abbildung 53

Führung der Kette am Schlichtetrog. Abzug des Fadenmaterials von den Zettelbäumen durch eine Vorlaufwalze

5.24 Einfluß der Vorlaufspannung auf die Zugbelastung in der Trockenzone

Die Ergebnisse der im Laboratorium durchgeführten Untersuchungen (vergl. Abschn. 5.1) zeigen, daß die Vorgänge in der Trockenzone auch von der Zuführung des Fadenmaterials zum Schlichtetrog abhängig sind. Es treten durch die Vorlaufspannung Fadenbelastungen in der Trockenzone auf, welche die Dehnungseigenschaften des Garnes verändern können. Die nachstehend behandelten Meßergebnisse wurden bei Untersuchungen an verschiedenartigen Schlichtmaschinen im Produktionsbetrieb festgestellt.

Um die in der Trockenzone wirksamen Belastungskräfte zu erfassen, kann der magnet-elektrische Meßkopf in den Fadenlauf vor oder auch hinter der Trockenkammer in der mit Abbildung 7 gezeigten Weise eingeordnet werden. Bei einem Plantrockner unterscheiden sich die so ermittelten Fadenspannungen nicht voneinander. Andere Voraussetzungen sind gegeben, wenn die Kettbahn nicht in einer Ebene durch die Trockenkammer geführt wird, sondern durch Führungswalzen oder Skelettrommeln Umlenkungen erfährt. Die für die Überwindung der Reibung erforderliche zusätzliche Arbeit führt zu einer Erhöhung der Kettbahnspannung am Trockenkammerausgang.

Bei den nachfolgend beschriebenen Prüfungen erfolgte die Anordnung der Meßeinrichtung vor der Trockenkammer. Eine Spannungsmessung am Trockenkammerausgang macht dadurch Schwierigkeiten, daß hier durch die getrocknete Schlichtemasse die Fäden verklebt sind und ein einzelner Faden nur unter Schwierigkeiten aus dem Fadenverband herausgelöst werden kann. Eine Messung hinter dem Teilfeld ist insofern unzweckmäßig, als hierbei die zusätzliche Reibungsarbeit an den Teilstäbchen erfaßt wird.

Gleichartige Messungen an Zylindertrockenmaschinen wurden nicht durchgeführt. Hier ergeben sich durch den zwangsläufigen Antrieb der Trockenzylinder grundlegend andere Voraussetzungen. Während sich Dehnungserscheinungen und Krumpfeffekte bei einer freien Führung der Kettbahn ungehindert ausbilden können, wird bei der Zylindertrockenmaschine die Umfangsgeschwindigkeit der einzelnen Zylinder vorher festgelegt. Hierbei ist den Eigenschaften und Eigenarten des Fadenmaterials Rechnung zu tragen, indem die Umfangsgeschwindigkeit der nacheinander angeordneten Zylinder den Materialdehnungen und auftretenden Krumpferscheinungen angepaßt werden.

Von einer älteren Skelett-Trommel-Schlichtmaschine, die mit einem modernen Schlichttrog und angetriebener Vorlaufwalze ausgerüstet worden ist, stammen die mit Abbildung 54 und 55 gezeigten Diagramme. Hiermit wird beispielhaft aufgezeigt, wie sich abhängig von der Fadenspannung vor dem Schlichtetrog Zugkräfte in der Trockenzone ausbilden und welche Wirkung dabei die zwangsläufig angetriebene Vorlaufwalze ausübt.

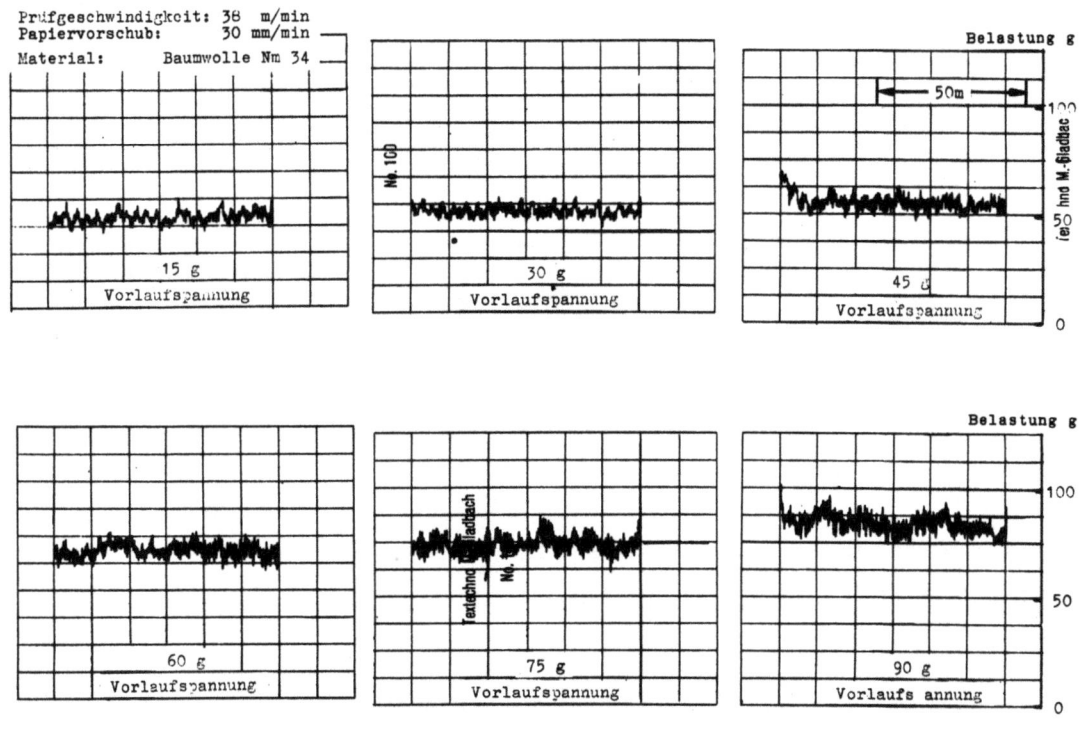

Abbildung 54

Prüfgerät: Elmataster — Fadenbelastung in der Trockenzone in Abhängigkeit von der Vorlaufspannung (Testfaden unter Umgehung der Vorlaufwalze dem Schlichtetrog direkt zugeführt)

In diesem Falle fand ein besonderer Testfaden Verwendung, der vorher auf eine Aluminiumhülse aufgebracht worden ist. Unterschiedlich hohe und während der Prüfung konstant bleibende Fadenspannungen konnten dabei dadurch erzielt werden, daß die Aluminiumhülse auf einen Fadenwindemotor aufgesetzt wurde, dessen Ständerwicklung unterschiedlich stark erregt werden konnte (vergl. hierzu Abschn. 4.4).

Das Fadenmaterial wird der Schlichtmaschine im nassen Zustand zugeführt, wenn das Garn auf dem Zettelbaum gebleicht oder gefärbt worden ist. Um die dabei auftretenden Einflüsse zu erkennen, wurde versuchsweise auch das Fadenmaterial auf der Aluminiumhülse benetzt und naß dem Schlichtetrog zugeführt.

Zusammenfassend geben über die Ergebnisse der an der Skelett-Trommel-Maschine mit Baumwollmaterial Nm 34 durchgeführten Prüfungen die Dia-

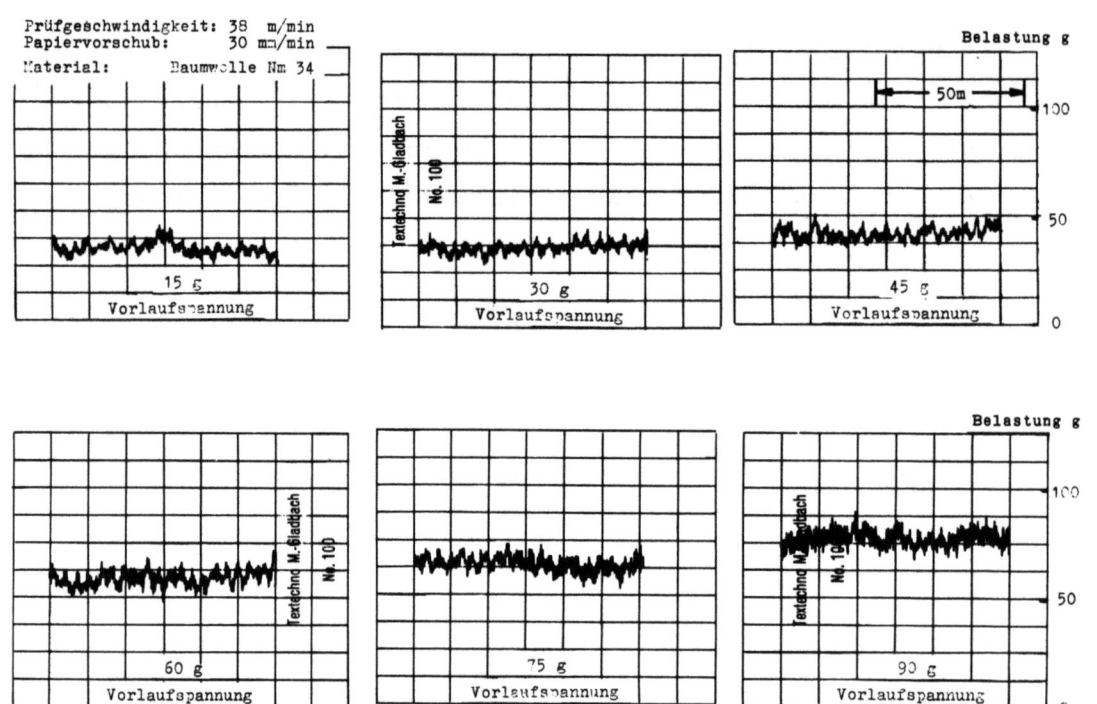

Abbildung 55

Prüfgerät: Elmataster — Fadenbelastung in der Trockenzone in Abhängigkeit von der Vorlaufspannung (Testfaden mit Vorlaufwalze gefördert)

gramme auf Abbildung 56 Auskuft. Sie zeigen eine verhältnismäßig starke Abhängigkeit der Zugspannungen in der Trockenzone von den Vorlaufspannungen, die bei naß zugeführten Fadenmaterial größer ist.

Eine gleichartige Überprüfung von Zellwollmaterial erfolgte auf einer im gleichen Betrieb stehenden Schlichtmaschine mit Plantrockner. Die Auswertung der hierbei aufgenommenen Diagramme bringt Abbildung 57, wobei das trockene Fadenmaterial wiederum dem Schlichtetrog einmal direkt, ein anderes Mal über eine zwangsläufig angetriebene Vorlaufwalze zugeführt wurde. Mit einem weiteren Versuch konnte aufgezeigt werden, welche Verhältnisse sich ergeben, wenn der Faden im nassen Zustand dem Schlichtetrog direkt zuläuft.

Es zeigt sich, daß insbesondere bei Betrieb der Schlichtmaschine mit Vorlaufwalze die von der Elfawinde erzeugten Vorspannungen nur wenig Einfluß auf die sich bei Zellwolle in der Trockenzone ausbildenden Zugkräfte nehmen.

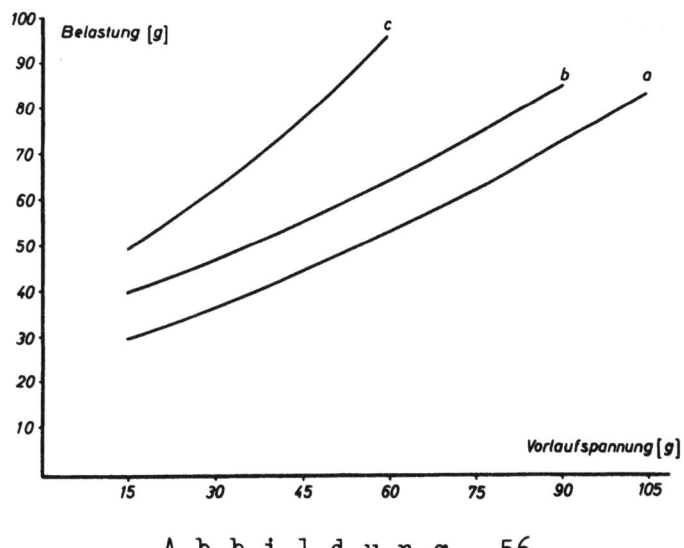

Abbildung 56

Einfluß der Vorlaufspannung auf die Belastung in der Trockenzone. Baumwolle Nm 34

a) Abzug des trockenen Testfadens mit Vorlaufwalze
b) Abzug des trockenen Testfadens ohne Vorlaufwalze
c) Abzug des nassen Testfadens ohne Vorlaufwalze

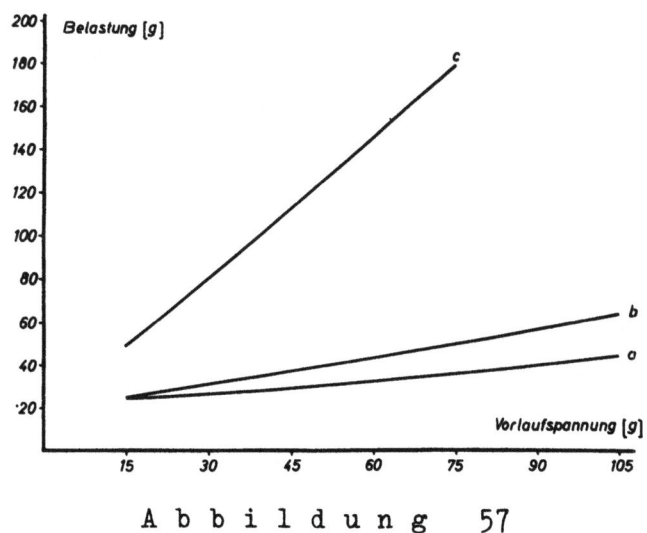

Abbildung 57

Einfluß der Vorlaufspannung auf die Belastung in der Trockenzone
Zellwolle Nm 24

a) Abzug des trockenen Testfadens mit Vorlaufwalze
b) Abzug des trockenen Testfadens ohne Vorlaufwalze
c) Abzug des nassen Testfadens ohne Vorlaufwalze

5.25 Fadenspannungsmessungen hinter dem Teilfeld und an der Bäumvorrichtung

Die durch entsprechende Einstellung des Getriebeverzuges zwischen Bäumgestell und Schlichtetrog bewirkte Kettbahnspannung soll so groß sein, daß das Fadenmaterial durch die Trockenkammer geführt wird, ohne zu verkordeln. Außerdem ist für eine einwandfreie Aufteilung an den Teilstäben zu sorgen und zu vermeiden, daß sich dort einzelne Fäden verhaken, was zu lockeren Fäden oder Fadenbruch führen kann.

Eine kleinstmögliche Dehnungsbeanspruchung, d.h. ein besonders niedriger Getriebeverzug zwischen Schlichtetrog und Bäumgestell ist dann gegeben, wenn die für die einwandfreie Führung der Kettbahn in der Trockenkammer erforderliche Spannung ausreichend ist, um auch einen einwandfreien Teilvorgang zu gewährleisten.

Erfordert die Fadenaufteilung größere Kräfte als für die Kettbahnführung in der Trockenzone benötigt werden, dann ist zweckmäßig vor dem Teilfeld ein weiteres, zwangsläufig angetriebenes Lieferwerk anzuordnen, mit dem der zwischen Bäumgestell und Schlichtetrog eingestellte Gesamtgetriebeverzug unterteilt wird. Dadurch ist es möglich, in der Trockenzone geringere, vor dem Teilfeld dagegen größere Fadenspannungen einzustellen. Hinter dem Teilfeld sind die Fadenspannungen höher als vor dem Teilfeld, da die zusätzlich auftretenden Reibungskräfte an den Teilstäben zu überwinden sind.

Eine Messung der Fadenspannungen in den verschiedenen Zonen der Schlichtmaschine zeigt folgendes: Die Vorlaufspannungen hängen von der Bremsung des vorgelegten Schärbaumes bzw. der vorgelegten Zettelbäume ab. Die Größe der Spannung in der Trockenkammer bei gegebener Vorspannung ist von den Materialeigenschaften und von dem angewandten Getriebeverzug zwischen Bäumgestell und Schlichtetrog bzw. Lieferwalze hinter der Trockenkammer und dem Schlichtetrog abhängig. Die Fadenspannungen hinter dem Teilfeld sind, bedingt durch die Reibung der Fäden an den Teilstäben, größer als die Fadenspannungen vor dem Teilfeld. Die Bäumspannung läßt sich beeinflussen durch die Einstellung der für den Kettbaum vorgesehenen Antriebsvorrichtung.

Aus einer Reihe von gleichartigen an den Einzelfäden aufgenommenen Fadenspannungsdiagrammen wurden die mit Abbildung 58 dargestellten ausgewählt.

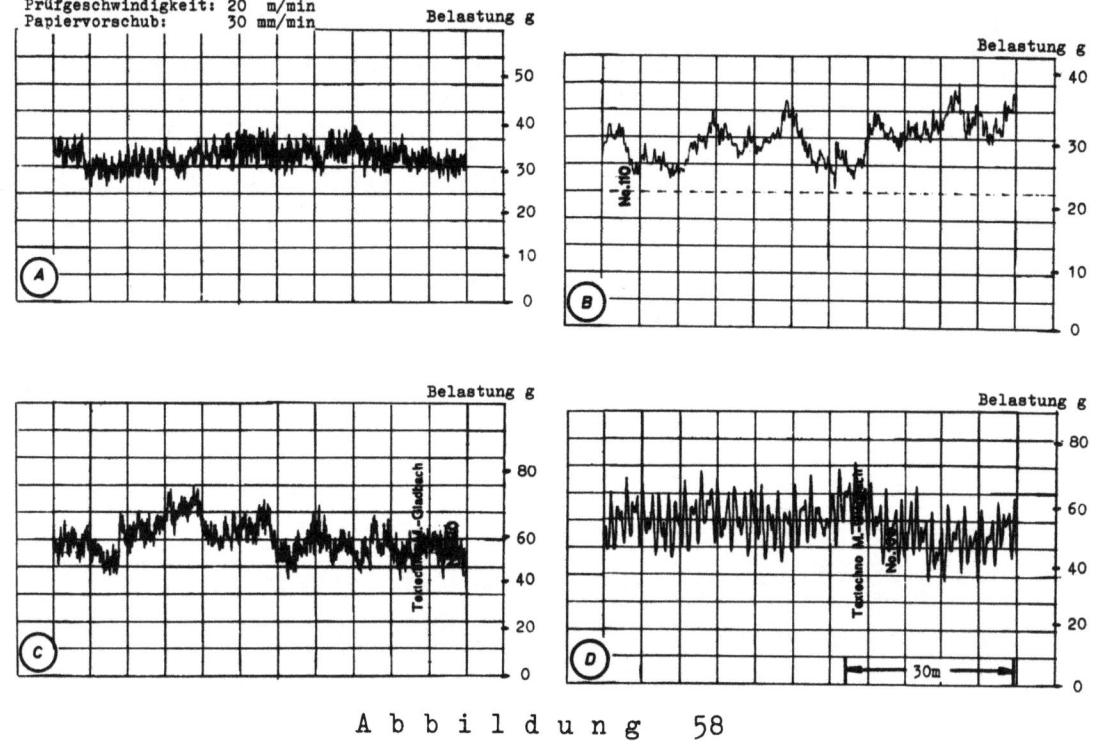

Abbildung 58

Prüfgerät: Elmataster — Zugbeanspruchungen eines Fadens in verschiedenen Zonen der Schlichtmaschine. Material: Zellwolle Nm 28

- A an den Vorlagebäumen
- B in der Trockenzone
- C hinter dem Teilfeld
- D an der Bäummaschine

Erläuternd wird dazu mit Abbildung 59 der grundsätzliche Aufbau der hierbei überprüften Schlichtmaschine gezeigt.

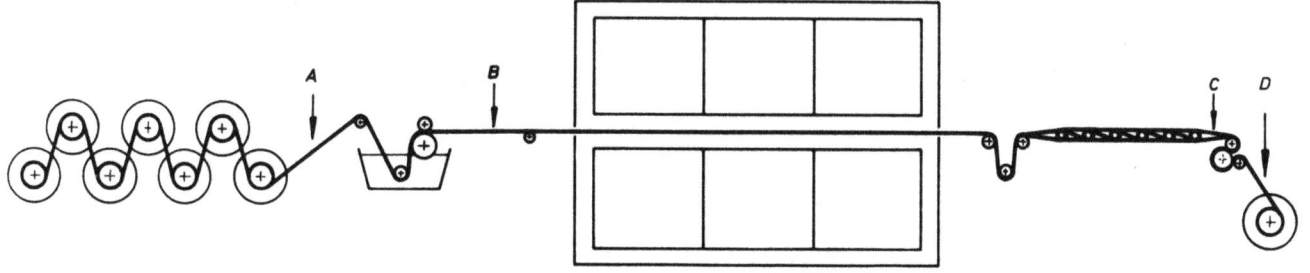

Abbildung 59

Einsatz des Elmatasters in verschiedenen Zonen der Schlichtmaschine (vergl. Abb. 58)

Die einzelnen Meßstellen sind mit A, B, C und D gekennzeichnet. Gleiche Bezeichnungen tragen auch die einzelnen Diagramme in Kurvenblatt Abbildung 58. Aus den Aufnahmen geht hervor, daß die Fadenspannungen in den Zonen A und B bei etwa 30 g lagen. Hinter dem Teilfeld (C) ist ein Anstieg zu verzeichnen, der auf die Reibungsarbeit an den Trennstäben zurückgeführt werden muß. Hier lagen die Spannungen im Mittel bei ca. 55 g.

Die Kettspannungen zwischen dem Lieferwerk des Bäumgestells und dem Kettbaum sind durch die dafür vorgesehenen Antriebsvorrichtungen beeinflußt und können ebenfalls verändert werden. Sie lagen, wie das hierbei aufgenommene Diagramm D zeigt, im Mittel bei etwa 55 g. Die sichtbaren Schwankungsspiele sind auf Exzentrizitäten des auf den Kettbaum aufgebrachten Garnkörpers zurückzuführen. Gleichartige Schwankungen können auch dann auftreten, wenn der verwendete Friktionstrieb nicht einwandfrei arbeitet.

Mit geeigneten Einrichtungen ist es auch möglich, die in der gesamten Kettbahn wirksamen Zugspannungen zu erfassen. Versuchsweise wurde die am Ausgang der Trockenkammer angeordnete Tänzerwalze mit einem elektrischen Widerstandgeber verbunden. Die Walze stützt sich beiderseits gegen Schraubenfedern an und wird bei anwachsender Kettfadenspannung angehoben. Der mit dem Ferngeber über ein Netzanschlußgerät verbundene elektrische Tintenschreiber macht entsprechende Aufzeichnungen (Abb. 60) und vermittelt auf diese Weise ein Bild von den in der Kettfadenschar auftretenden Zugspannungsschwankungen.

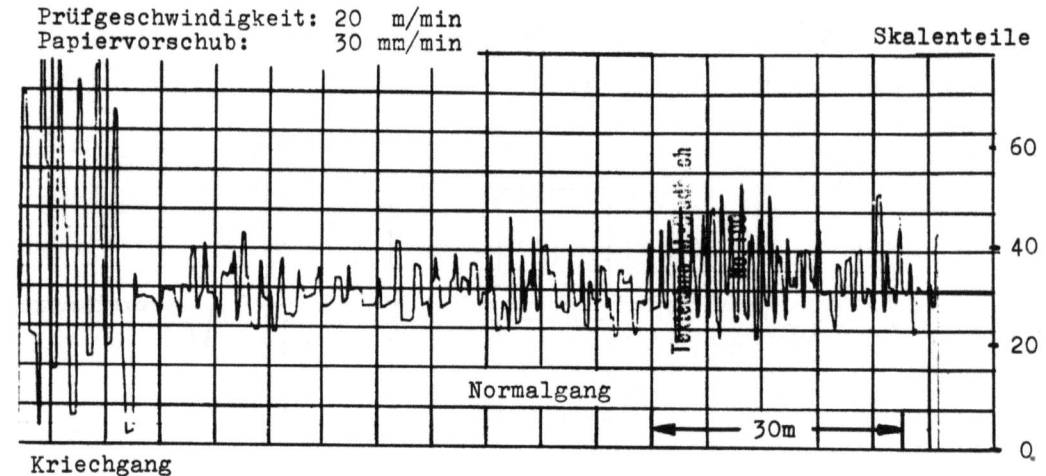

Abbildung 60

Prüfgerät: elektrischer Meßwertgeber mit Tintenschreiber

Aufzeichnung der in der gesamten Kettbahn hinter der Trockenkammer wirksamen Zugspannung

5.26 Veränderungen der Dehnungseigenschaften durch den Schlichteprozeß

In gleicher Weise wie bei den auf der Prüfmaschine im Laboratorium behandelten Fäden wurde auch bei dem normal auf einer Schlichtmaschine geschlichteten Faden, im Anschluß an die Messungen an der Maschine selbst, das geschlichtete Fadenmaterial überprüft.

Während für die verschiedenen Fadenmaterialien (Baumwolle, Zellwolle und Reyon) im Laboratorium die gleiche Versuchseinrichtung verwendet werden konnte, war es im praktischen Betrieb nicht möglich, vergleichende Untersuchungen an ein und derselben Schlichtmaschine vorzunehmen.

Wiederum kam es darauf an, die Auswirkungen der Vorlaufspannung auf die Eigenschaften der geschlichteten Fadenmaterialien aufzuzeigen. Im allgemeinen mußte dabei mit einer Einstellung der Schlichtmaschine bzw. einem Getriebeverzug zwischen Schlichtetrog und Bäumgestell gearbeitet werden, wie er sich in den entsprechenden Betrieben als zweckmäßig ergeben hatte. Da für Baumwolle, Zellwolle und Reyon die verschiedensten Schlichtmaschinen zur Verfügung standen, erwies es sich als günstig, die nachfolgenden Abschnitte nach Materialarten zu unterteilen.

5.261 Baumwolle

Aus einer größeren Anzahl von Meßergebnissen wurden Kraftdehnungscharakteristiken von geschlichteten Fäden ausgewählt, die auf einem modernen Plantrockner behandelt worden sind. Mit Abbildung 61 wird gezeigt, wie sich die Charakteristik des Ausgangsmaterials verändert, wenn ein solcher Faden mit einer Vorlaufspannung von 10 bis 15 g dem Vorlaufgerät der Schlichtmaschine bzw. dem Schlichtetrog zugeführt, geschlichtet und getrocknet wird.

Gegenübergestellt ist die Kraftdehnungscharakteristik des gleichen geschlichteten Fadenmaterials, das mit einer Elfawinde hinter dem Schlichtetrog im nassen Zustand entnommen und spannungslos getrocknet worden ist. Wie erwartet, unterscheidet sich die Kraftdehnungscharakteristik des spannungslos getrockneten Materials gegenüber dem Ausgangsmaterial nur unwesentlich.

Die Auswirkung der Vorlaufspannungen bei Betrieb mit Vorlaufgerät auf die Kraftdehnungseigenschaften eines normal geschlichteten Fadens ist deutlich aus Abbildung 62 ersichtlich.

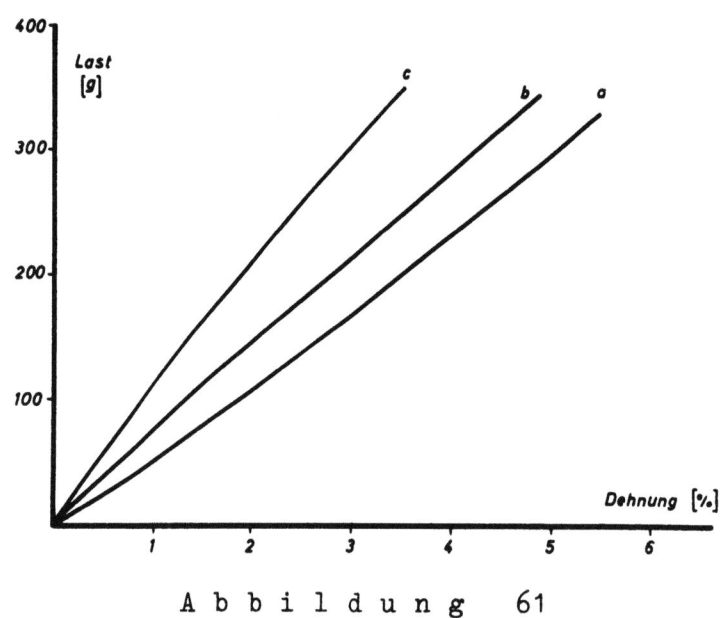

Abbildung 61

Veränderung der Kraftdehnungscharakteristik. Schlichtmaschine mit Vorlaufwalze. Material: Baumwolle Nm 60

a) Ausgangsmaterial
b) Vorlaufspannung 10 bis 15 g, geschlichtet, spannungslos getrocknet,
c) Vorlaufspannung 10 bis 15 g, geschlichtet, normal getrocknet

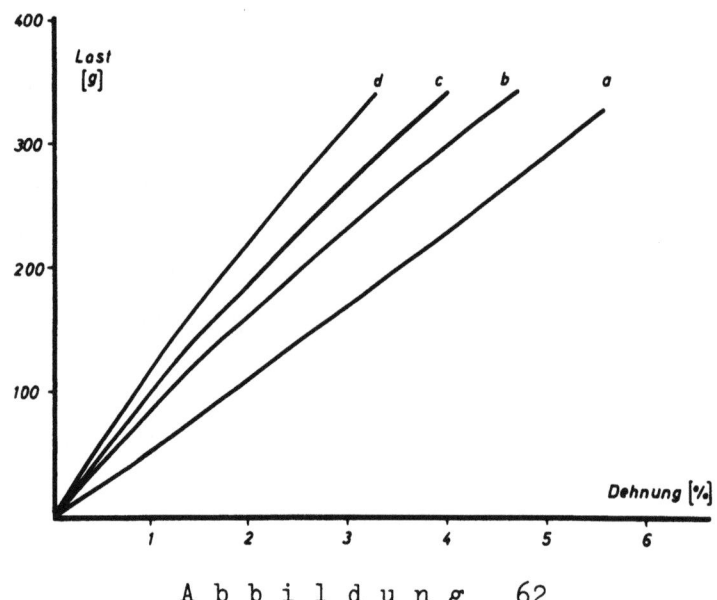

Abbildung 62

Veränderung der Kraftdehnungscharakteristik. Schlichtmaschine mit Vorlaufwalze. Material: Baumwolle Nm 60, trocken vorgelegt

a) Ausgangsmaterial
b) Vorlaufspannung 5 g
c) Vorlaufspannung 10 bis 15 g
d) Vorlaufspannung 30 bis 40 g

Mit zunehmender Vorlaufspannung ändert sich das Dehnungsvermögen bzw. die Bruchdehnung. Das Ergebnis des Versuches in der Praxis steht in guter Übereinstimmung mit dem Laborversuch (vergl. hierzu Abb. 29, oberes Diagramm).

Wird das Fadenmaterial der Vorlaufwalze im nassen Zustand zugeführt, dann erfährt es hierbei unter gleichen Vorspannungen bereits größere Längenänderungen. Entsprechend bilden sich in der Trockenzone größere Zugbeanspruchungen aus. Das führt - wie Abbildung 63 erkennen läßt - zu eine gegenüber Abbildung 62 stärkeren Verminderung des Dehnungsvermögens. In Übereinstimmung hiermit stehen die bei den Laborversuchen gewonnenen Diagramme Abbildung 29, unten.

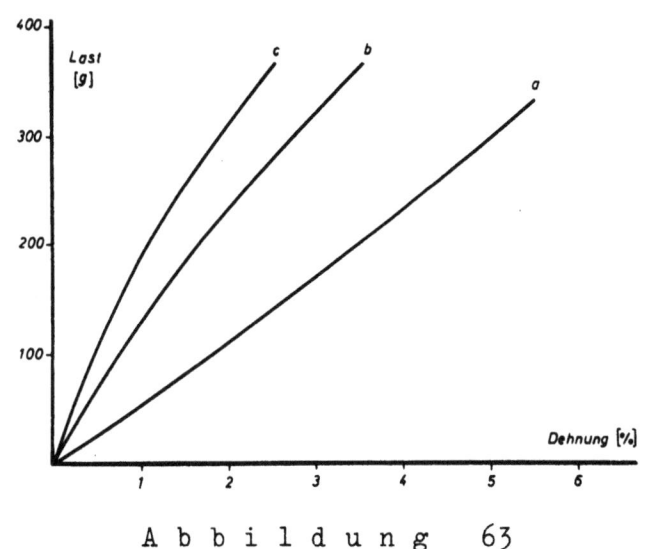

A b b i l d u n g   63

Veränderung der Kraftdehnungscharakteristik. Schlichtmaschine mit Vorlaufwalze. Material: Baumwolle Nm 60, naß vorgelegt

a) Ausgangsmaterial
b) Vorlaufspannung 5 g
c) Vorlaufspannung 30 bis 40 g

Um auch bei dem praktischen Betriebsversuch zu zeigen, wie sich der zwischen Schlichtmaschine und Bäumgestell eingestellte Getriebeverzug auf die Materialeigenschaften auswirkt, wurde ein entsprechender Versuch durchgeführt, dessen Ergebnis Abbildung 64 zeigt.

Der erhöhte Getriebeverzug bringt bei gleicher Vorspannung erwartungsgemäß ein geringeres Dehnungsvermögen.

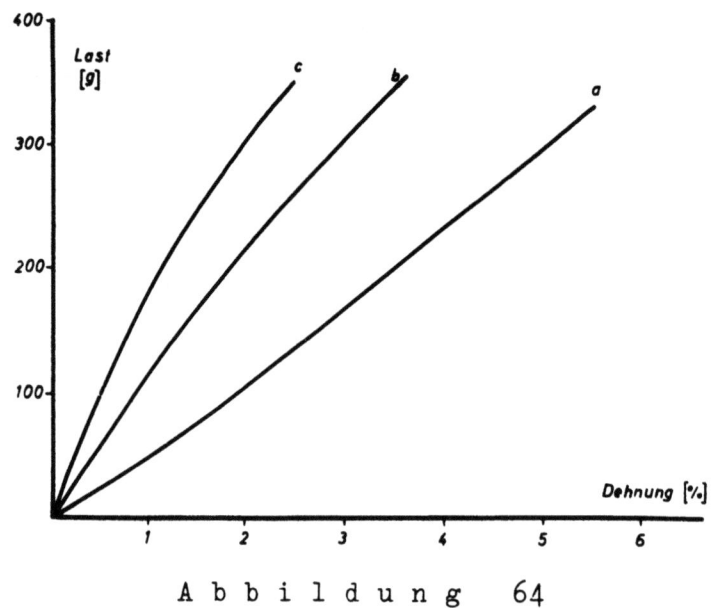

Abbildung 64

Veränderung der Kraftdehnungscharakteristik durch unterschiedlichen Getriebeverzug in der Trockenkammer

Schlichtmaschine mit Vorlaufwalze. Material: Baumwolle Nm 60
a) Ausgangsmaterial
b) Vorlaufspannung 10 g, geringste Dehnung in der Trockenzone
c) Vorlaufspannung 10 g, höchste Dehnung in der Trockenzone

5.262 Zellwolle

Abbildung 65 zeigt die Charakteristiken von dem Ausgangsmaterial, dem normal geschlichteten, aber spannungslos getrockneten Faden und von einem Faden, der auf der Schlichtmaschine normal behandelt worden ist.

Auch der hierfür benutzte Plantrockner war mit einer Vorlaufwalze ausgestattet.

In guter Übereinstimmung mit den grundlegenden Prüfungen im Laboratorium stehen die Untersuchungen an der Schlichtmaschine für das trockene, dem Vorlaufgerät zugeführte Zellwollgespinst Nm 28. Aus Abbildung 66 ist ersichtlich, daß auch hier durch den in der Trockenzone ausgeübten Verzug eine Veränderung gegenüber dem Ausgangsmaterial gegeben ist, sich aber die ausgeübten Vorlaufspannungen (10 und 50 g) darauf nur geringfügig auswirken.

Wird der Testfaden von der vorgeschalteten Elfawinde unter Umgehung der Vorlaufwalze direkt vom Schlichtetrog abgezogen, dann wirken sich die Vorlaufspannungen bereits auf das vor der Klemmstelle des Lieferwalzenpaars im Schlichtetrog nasse Fadenstück aus.

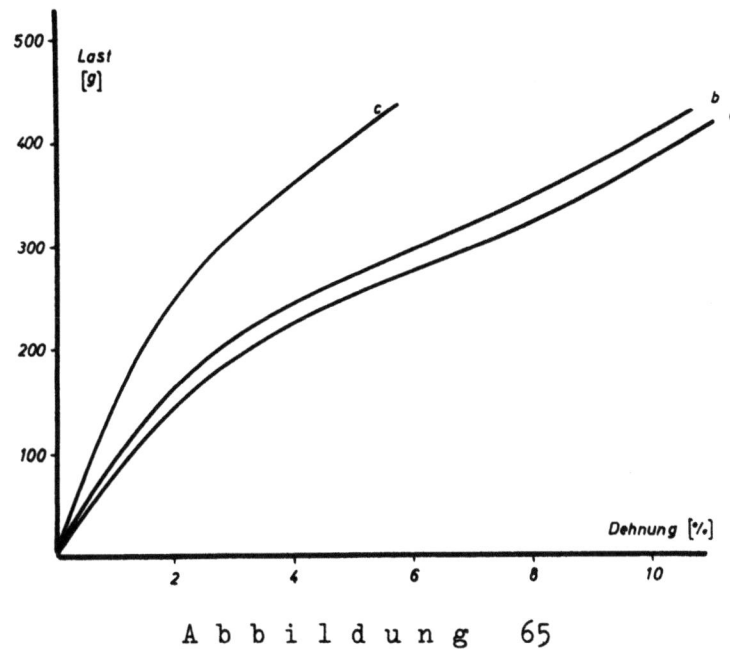

Abbildung 65

Veränderung der Kraftdehnungscharakteristik. Schlichtmaschine mit Vorlaufwalze. Material: Zellwolle Nm 28

a) Ausgangsmaterial
b) Vorlaufspannung 20 g, geschlichtet, spannungslos getrocknet
c) Vorlaufspannung 20 g, geschlichtet, normal getrocknet

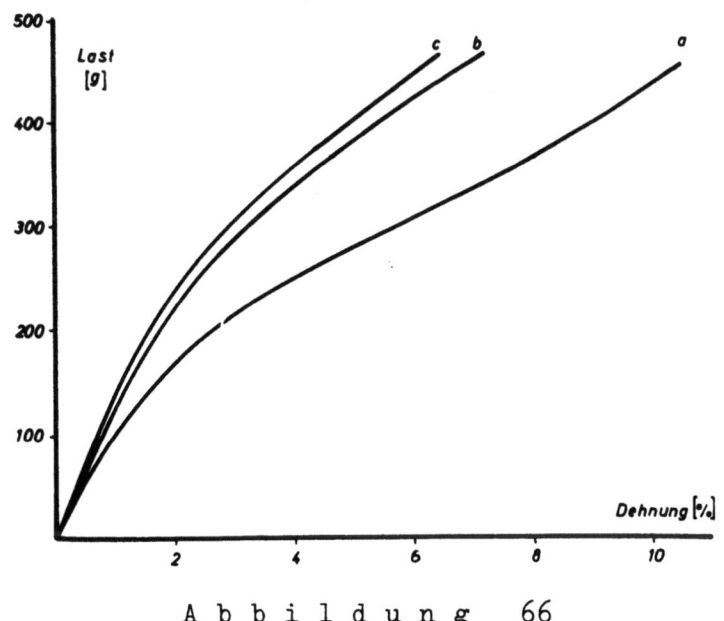

Abbildung 66

Veränderung der Kraftdehnungscharakteristik. Schlichtmaschine mit Vorlaufwalze. Material: Zellwolle Nm 28

a) Ausgangsmaterial
b) Vorlaufspannung 10 g
c) Vorlaufspannung 50 g

Dies führt - wie zu erwarten - zu entsprechenden Längenänderungen, daraus resultierend zu höheren Zugspannungen in der Trockenzone und dadurch zu größeren Veränderungen der Kraftdehnungscharakteristiken des geschlichteten Fadenmaterials auch bei konstant gehaltenem Getriebeverzug zwischen Schlichtetrog und Bäumgestell (Abb. 67).

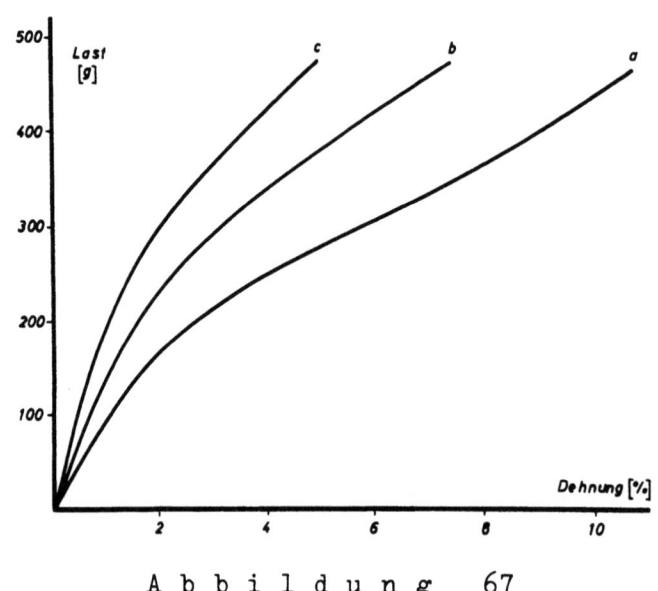

Abbildung 67

Veränderung der Kraftdehnungscharakteristik. Schlichtmaschine ohne Vorlaufwalze. Material: Zellwolle Nm 28

        a) Ausgangsmaterial
        b) Vorlaufspannung 10 g
        c) Vorlaufspannung 50 g

Der analoge Versuch bei den im Laboratorium durchgeführten Prüfungen brachte das aus Abbildung 30, unteres Diagramm, ersichtliche Ergebnis.

Aus einer anderen Versuchsreihe stammen die mit den Abbildungen 68 und 69 wiedergegebenen Diagramme.

Hiermit soll gezeigt werden, daß der Einfluß der Vorspannung bei Betrieb der Schlichtmaschine ohne Vorlaufgerät wächst, wenn das zulaufende Fadenmaterial schon vorher benetzt wird. Eine Parallele zu diesem Versuch ist im praktischen Betrieb dann gegeben, wenn vom Färben oder Bleichen her nasse Zettelbäume zur Vorlage kommen. Die wirksamen Vorlaufspannungen können in diesem Falle noch größere Längenänderungen hervorrufen als sie sonst vor dem Klemmpunkt an dem Quetschwerk der Schlichtmaschine auftreten. Hiermit ist zu erklären, daß die mit Abbildung 69 gezeigten Diagramme für das naß vorgelegte Fadenmaterial ein geringeres Dehnungs-

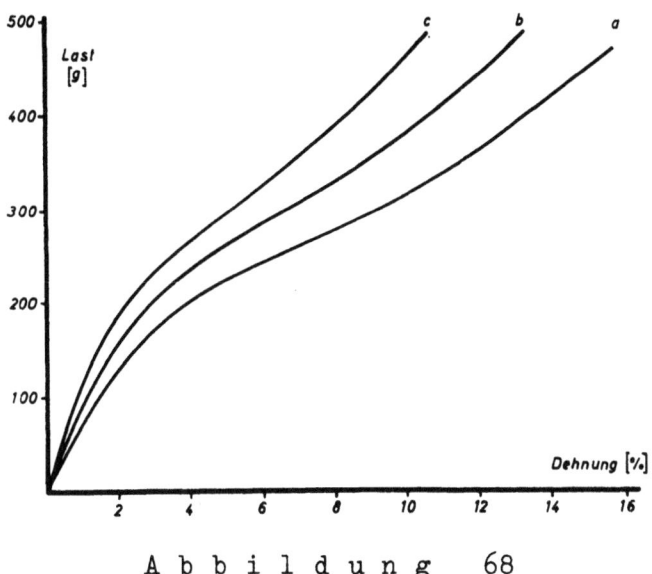

Abbildung 68

Veränderung der Kraftdehnungscharakteristik. Schlichtmaschine ohne Vorlaufwalze. Material: Zellwolle Nm 27, trocken vorgelegt

   a) Ausgangsmaterial
   b) Vorlaufspannung 5 bis 10 g
   c) Vorlaufspannung 50 g

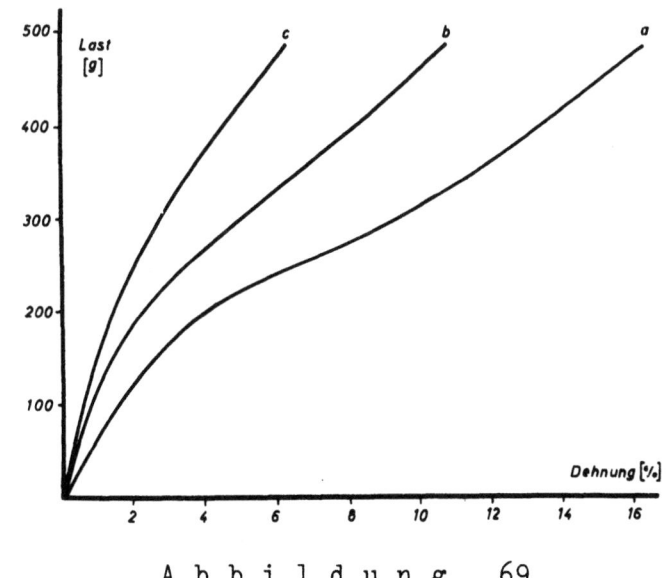

Abbildung 69

Veränderung der Kraftdehnungscharakteristik. Schlichtmaschine ohne Vorlaufwalze. Material: Zellwolle Nm 27, naß vorgelegt

   a) Ausgangsmaterial
   b) Vorlaufspannung 5 bis 10 g
   c) Vorlaufspannung 50 g

vermögen des geschlichteten Fadens zeigen als dies bei Abbildung 68 der Fall ist. Außerdem vergrößert sich der durch die unterschiedliche Vorlagespannung (5 und 50 g) bedingte Unterschied.

Auch bei der Überprüfung des Zellwollmaterials wurde bei gleichbleibender Vorlaufspannung die Auswirkung des in der Trockenzone eingestellten Getriebeverzuges studiert. Hierzu bleibt auf die Abbildung 70 und die hierzu gemachten Angaben zu verweisen.

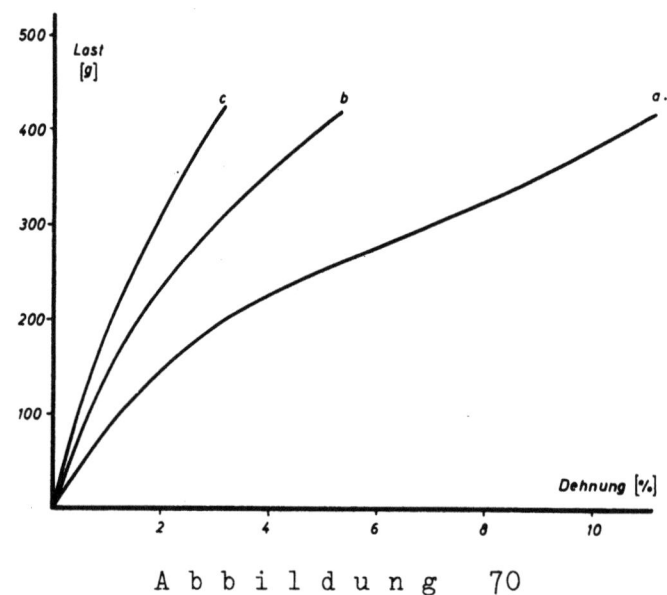

A b b i l d u n g   70

Veränderung der Kraftdehnungscharakteristik durch unterschiedlichen Getriebeverzug in der Trockenkammer. Schlichtmaschine mit Vorlaufwalze
        a) Ausgangsmaterial
  b) Vorlaufspannung 40 g, geringste Dehnung in der Trockenkammer
  c) Vorlaufspannung 40 g, höchste Dehnung in der Trockenkammer

5.263 Reyon

Von Untersuchungen an modernen Trockentrommel-Schlichtmaschinen stammen die Kraftdehnungscharakteristiken Abbildung 71 bis 74. Es wird gezeigt, daß sich die charakteristischen Eigenschaften des geschlichteten, aber spannungslos getrockneten Fadenmaterials von denen des Ausgangsmaterials wenig unterscheiden. Die zwischen Schlichtetrog und Bäumgestell auf das zunächst nasse und anschließend getrocknete Material einwirkenden Fadenspannungen führen demgegenüber zu einer stärkeren Verminderung des Dehnungsvermögens (Abb. 71).

Wird mit Vorlaufgerät gearbeitet, dann ist bei Reyon in noch stärkerem Maße als bei Zellwolle zu erwarten, daß sich zwar der angewandte Ge-

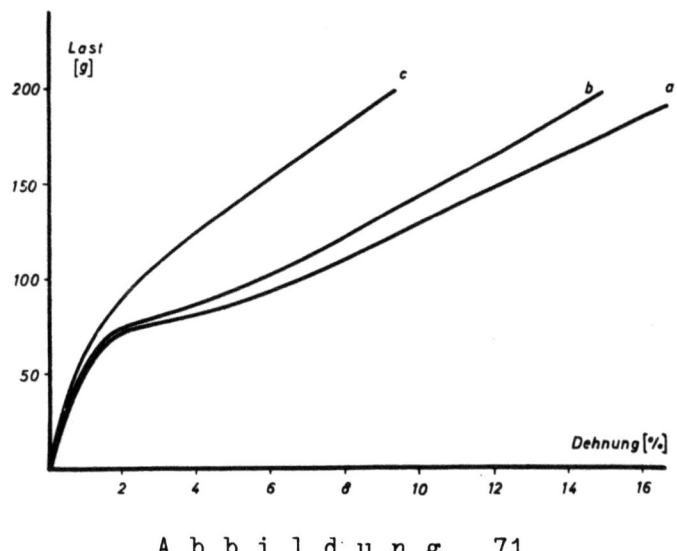

A b b i l d u n g   71

Veränderung der Kraftdehnungscharakteristik. Schlichtmaschine ohne Vorlaufwalze. Material: Reyon Td 100

a) Ausgangsmaterial
b) Vorlaufspannung 10 g, geschlichtet, spannungslos getrocknet
c) Vorlaufspannung 10 g, geschlichtet

triebeverzug stark, wenig dagegen unterschiedliche Vorlaufspannungen auswirken. Das ist anschaulich aus Abbildung 72 ersichtlich, die in guter Übereinstimmung steht mit den auf Abbildung 31, oberes Diagramm, gezeigten Kurven von den Laboratoriumsversuchen.

Zurückzuführen auf die Benetzung des Fadenmaterials vor der Klemmstelle beim Quetschwerk der Schlichtmaschine ist der Unterschied in den Kraftdehnungscharakteristiken für das mit unterschiedlicher Vorlaufspannung dem Schlichtetrog direkt zugeführte Reyonmaterial nach Abbildung 73. Wiederum ist eine gute Übereinstimmung mit den Laboratoriumsversuchen gegeben. Die vergleichbaren Diagramme werden mit Abbildung 28, oberes Kurvenblatt, gezeigt.

Abschließend war auch bei den Versuchen mit einer Reyonmaschine der Einfluß zu zeigen, den ein unterschiedlich hoher Getriebeverzug zwischen Schlichtetrog und Bäumgestell ausübt. Das Ergebnis dieser Überprüfung bringt Abbildung 74. Die Vorlaufspannung wurde hierbei konstant auf 20 g eingestellt.

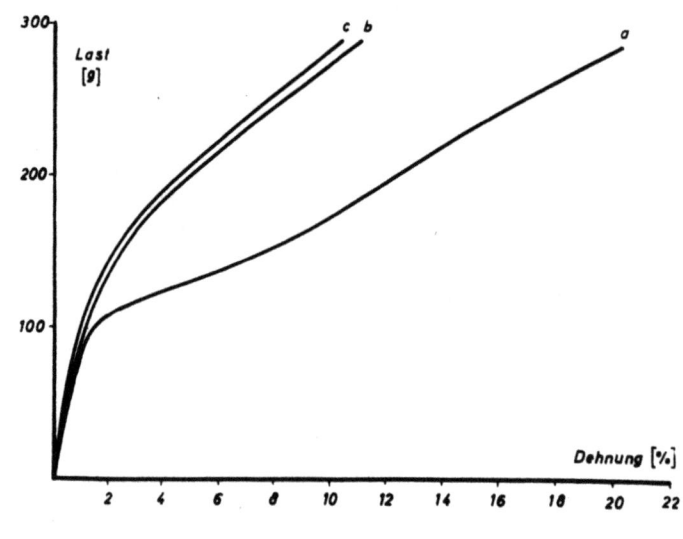

Abbildung 72

Veränderung der Kraftdehnungscharakteristik. Schlichtmaschine mit Vorlaufwalze. Material: Reyon Td 150

    a) Ausgangsmaterial
    b) Vorlaufspannung 10 g
    c) Vorlaufspannung 40 g

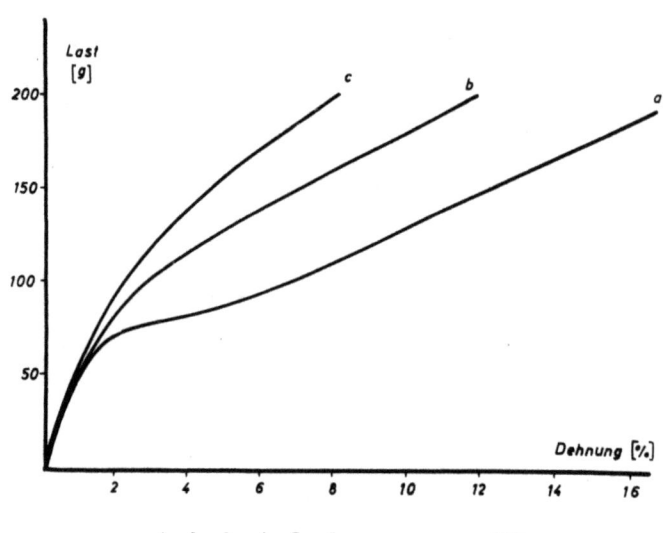

Abbildung 73

Veränderung der Kraftdehnungscharakteristik. Schlichtmaschine ohne Vorlaufwalze. Material: Reyon Td 100

    a) Ausgangsmaterial
    b) Vorlaufspannung 10 g
    c) Vorlaufspannung 30 g

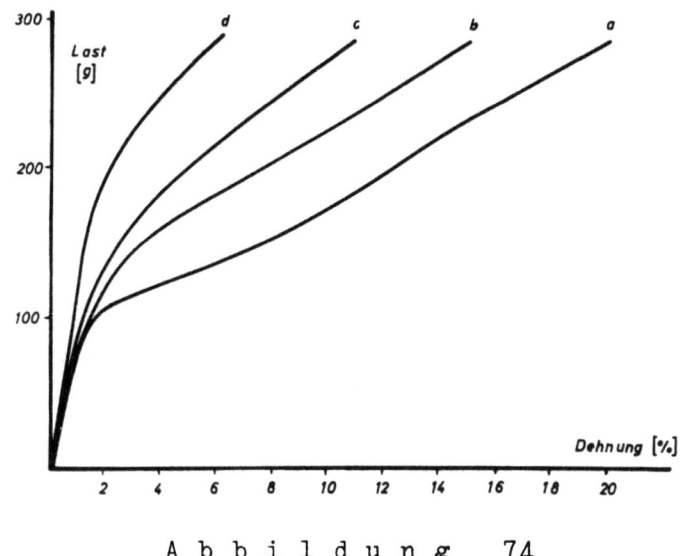

Abbildung 74

Veränderung der Kraftdehnungscharakteristik durch unterschiedlichen Getriebeverzug in der Trockenkammer. Schlichtmaschine mit Vorlaufwalze

Material: Reyon Td 150

a) Ausgangsmaterial
b) Vorlaufspannung 20 g, Getriebeverzug in der Trockenzone 3,3 %
c) Vorlaufspannung 20 g, Getriebeverzug in der Trockenzone 6,5 %
d) Vorlaufspannung 20 g, Getriebeverzug in der Trockenzone 11,4 %

6. Gleichstrom-Mehrmotorenantrieb

Praktisch konstante Zugspannungen erfährt eine Kettfadenschar, wenn ein Gleichstrom-Mehrmotorenantrieb Verwendung findet. Bäumgestell und Schlichtetrog, gegebenenfalls auch zusätzlich in den Lauf der Kettbahn eingeordnete Lieferwalzen, erhalten dann je einen getrennten Antriebsmotor.

Den grundsätzlichen Aufbau einer solchen Antriebsanordnung läßt Abbildung 75 erkennen.

Hier sind insgesamt fünf Teilantriebsmotoren M 1 bis M 5 vorgesehen, die zum Antrieb einer Vorlaufwalze, der Quetschwalzen im Schlichtetrog, eines Lieferwalzenpaares zwischen Trockenkammer und Teilfeld, der Abzugswalzen am Bäumgestell und des für das Aufwinden des geschlichteten Fadenmaterials bestimmten Kettbaums bestimmt sind. Als Leitmaschine dient der Motor M 4 am Bäumgestell. Seine Drehzahl richtet sich bei konstant erregtem Feld nach der Größe der von der Leonardmaschine L erzeugten Ankerspannung. Es besteht eine praktisch gradlinige Abhängigkeit, so daß ein angelegtes Voltmeter V zur Anzeige der Kettbahngeschwindigkeit in m/min benutzt werden kann.

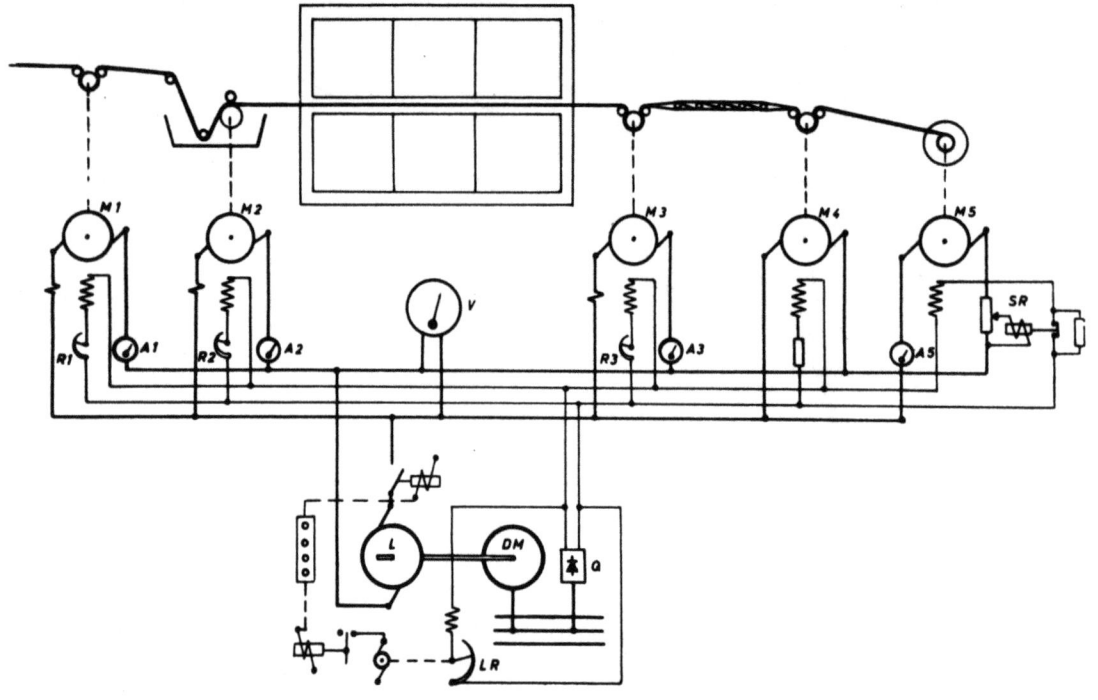

Abbildung 75

Grundsätzlicher Aufbau eines Gleichstrom-Mehrmotorenantriebs

M 1 - M 4	Teilantriebsmotoren
M 5	Wickelmotor
R 1 - R 3	Nebenschlußregler
SR	Schnellregler
V	Voltmeter, zur Anzeige der Kettbahngeschwindigkeit in m/min.
A 1 - A 3 und A 5	Amperemeter zur Zugkontrolle
L	Leonardgenerator
LR	Leonardregler
Q	Gleichrichter
DM	Drehstrom-Antriebsmotor

Die in Richtung des Warenlaufs nachgeordneten Teilmotoren laufen der sich bei der Verarbeitung der Kettfäden ergebenden Längung (Dehnung) entsprechend schneller. Die Größe der zwischen den einzelnen Lieferwerken wirksamen Kettfädenspannungen ist durch die den einzelnen Motoren zugeordneten Nebenanschlußregler R 1 bis R 3 einzustellen. Die Strommesser A 1 bis A 3 und A 5 zeigen die Größe der Motorendrehmomente an und geben damit ein Maß auch für die Zugbeanspruchungen in der Kettbahn.

Beim Aufwinden des geschlichteten Materials auf den Kettbaum ergibt sich insofern eine zusätzliche Aufgabe, als hier mit wachsendem Durchmesser bei gegebener Kettbaumgeschwindigkeit die Umlaufzahl des Kettbaumes vermindert werden muß. Meist finden für den Antrieb des Kettbaums mechanisch wirksame Anordnungen (Rutschkupplungen) oder Differentialräderwerke mit mechanischen Bremsvorrichtungen Verwendung. Bei Gleichstrom-Mehrmotorenantrieben kann für den Antrieb des Kettbaum ein besonderer Wickelmotor M 5 eingesetzt werden. Die zusätzliche Drehzahlregelung ist hierbei so vorzunehmen, daß der Motor, dessen Umlaufgeschwindigkeit sich nach dem Aufwindedurchmesser und der Kettbahngeschwindigkeit richten muß, bei verschiedenen Drehzahlen eine konstante Leistung abgibt.

Zu erreichen ist das durch eine selbsttätige Regelung auf konstantem Ankerstrom, was nach dem mit der Abbildung 40 gezeigten Schaltbild durch einen elektrischen Schnellregler SR, der als Kontaktregler, als Kohledruckregler oder auch als Magnetregler ausgebildet sein kann, vorgenommen wird. Die Größe der Aufwindespannung läßt sich dabei ebenfalls zusätzlich beeinflussen.

Für den Antrieb des Leonard-Umformers findet nach dem behandelten Ausführungsbeispiel ein Drehstrom-Käfigläufermotor DM Verwendung, der dauernd durchläuft. Die Gleichstromhilfsspannung für die Felderregung wird mittels eines Gleichrichters Q erzeugt. Zusätzliche Steuer- und Regelelemente ermöglichen eine sehr einfache Bedienung der gesamten Antriebsanordnung durch Druckknopfbetätigung. Compound-Wicklungen für die den Leitmaschinen im Arbeitsprozeß vorgeschalteten Teilmotoren gewährleisten eine gewisse Drehzahlnachgiebigkeit. Dadurch wird erreicht, daß die zwischen den einzelnen Lieferwerken eingestellten Kettfadenspannungen auch dann annähernd aufrechterhalten werden, wenn bei auftretenden Störungen die Arbeitsgeschwindigkeit um größere Beträge verändert wird, die Bremsung der vorgelegten Zettelbäume unterschiedlich erfolgt, am Schlichtetrog oder in der Trockenkammer Temperaturschwankungen auftreten und dadurch für die Behandlung der Kettbahn nicht immer genau gleiche Voraussetzungen gegeben sind.

7. Zusammenfassung

Bei Untersuchungen im Laboratorium und an verschiedenen Schlichtmaschinen im praktischen Betrieb wurden eine Reihe von bedeutsamen Feststellungen getroffen, über die in Anlehnung an die für den Abschnitt "Aufgabenstellung" gewählte Unterteilung wie folgt berichtet wird:

a) Eine Erhöhung des Getriebeverzuges zwischen Schlichtetrog und Bäumgestell führt zu einer Vergrößerung der sich in der Kettbahn bzw. den einzelnen Kettfäden ausbildenden Zugbelastungen. Bedingt durch die unterschiedlichen Kraftdehnungs-Charakteristiken der einzelnen Materialien ist die Höhe der Zugspannungen bei den jeweils gegebenen Dehnungen verschieden.

b) In den Kettfäden vor dem Schlichtetrog auftretende Fadenspannungen bewirken entsprechend ihrer Kraftdehnungscharakteristik eine Dehnung des Materials. Dies hat zur Folge, daß die Lieferwalzen in der Schlichtmaschine größere Fadenlängen fördern als vom Vorlagebaum abgefordert werden. Mit der Höhe der durch die Vorlaufspannungen verursachten Dehnung wächst die Zugbelastung des Fadens in der Trockenzone.

c) Die Größe der Vorlaufspannung richtet sich bei getrennter Zuführung der Fadenscharen von den einzelnen Zettelbäumen zum Schlichtetrog nach der angewandten Zettelbaumbremsung und dem jeweiligen Zettelbaumdurchmesser. Umschlingt dagegen die Kettbahn die einander nachgeordneten Zettelbäume, dann sind bei gleicher Bremsung die einzelnen sich zur gesamten Kettbahn vereinigenden Kettfadenscharen unterschiedlich an der gesamten Abzugskraft beteiligt.

d) Im trockenen Zustand erfahren bei den im praktischen Betrieb üblichen Vorlaufspannungen Zellwolle und Reyon aufgrund ihrer Kraftdehnungscharakteristiken nur kleine Längenänderungen. Baumwolle wird dagegen auch trocken, bezogen auf die Bruchdehnung, relativ stark gedehnt. Im nassen Zustand bewirken auch bei Zellwolle und Reyon die Vorlaufspannungen größere plastische Verformungen, was zu einer entsprechenden Erhöhung der in der Trockenzone wirksamen Belastungskräfte führt.

e) Die Fäden werden bereits vor der Klemmstelle an den Quetschwalzen im Schlichtetrog benetzt. Die Vorlaufspannungen treffen also immer auf ein - meist allerdings nur sehr kurzes - nasses Fadenstück. Die Zeitdauer der Vorbenetzung ist bei normaler Betriebsgeschwindigkeit sehr gering. Bei im feuchten Zustand vorgelegten Kettbäumen wirken sich die Vorlaufspannungen dagegen auf die gesamte Länge der frei zwischen Zettelbaum und Klemmstelle geführten Fäden aus. Wird das Fadenmaterial durch eine dem Schlichtetrog vorgeschaltete Vorlaufwalze von den Vorlagebäumen abgezogen, dann wirken die Vorlaufspannungen nur auf die trockenen Fäden ein. Zwischen Vorlaufwalze und Schlichtetrog ist in diesen Fällen eine kleine, konstante Dehnung eingestellt, wodurch größere Längenänderungen der Fäden vermieden werden.

f) Die ursprünglichen Dehnungseigenschaften bleiben nach dem Schlichten nahezu erhalten, wenn die Trocknung nach erfolgter Behandlung auf der Schlichtmaschine in Strangform und ohne Spannung erfolgt.

Die Führung der Kettbahn in der Trockenzone unter Spannung bewirkt dagegen eine meist stärkere Veränderung der für ein vorliegendes Material gegebenen Kraftdehnungscharakteristik.

Große Getriebeverzüge zwischen Schlichtetrog und Bäumgestell und hohe Vorlaufspannungen haben eine starke Verminderung des Dehnungsvermögens zur Folge.

Obering. Herbert Stein
Ing. Gerhard Hoischen

8. Literaturverzeichnis

[1] SCHENZINGER, O.   Verhalten von Zellwollgarnen beim Schlichtprozeß
Textilpraxis (1954) 1 S. 40

[2] SCHNEIDER, J.   Vorbereitungsmaschinen für die Weberei
Springer-Verlag (1955) S. 193/242

[3] RORDORF, G.   Schlichten und Schlichtemittel
Zeitschrift f.d.ges. Textilindustrie (1959) 17 S. 707-715

[4] RAMSTHALER, K. und K. WALTER   Die Schlichterei

[5] SCHNEIDER, J.   Schlichten und Trocknen
Zeitschrift f.d.ges. Textilindustrie (1957) S. 120-124

[6] STEIN, H.   Zugprüfungen an Textilien mit einer weglosen, elektronischen Kraftmeßeinrichtung
Forschungsbericht des Wirtschafts- und Verkehrsministeriums Nordrhein-Westfalen Nr. 700
Westdeutscher Verlag, Köln und Opladen

[7] RAMASZEDER, K.   Über die Trocknungsvorgänge geschlichteter Fäden
Textil-Praxis (1956) 10, S. 991-998

[8] RAMASZEDER, K.   Die Spannungsverhältnisse und das Bremsen der Kettfäden am Zettelbaumgestell der Schlichtmaschine
Textil-Praxis (1954) 3 S. 236-240

FORSCHUNGSBERICHTE
DES LANDES NORDRHEIN-WESTFALEN

Herausgegeben durch das Kultusministerium

TEXTILFASERFORSCHUNG · TEXTILCHEMIE · TEXTILPHYSIK
TEXTILTECHNIK · WÄSCHEREIFORSCHUNG

HEFT 3
Techn.-Wissenschaftl. Büro für die Bastfaserindustrie, Bielefeld
Untersuchungsarbeiten zur Verbesserung des Leinenwebstuhls
1952, 44 Seiten, 7 Abb., 3 Tabellen, DM 12,50

HEFT 9
Techn.-Wissenschaftl. Büro für die Bastfaserindustrie, Bielefeld
Untersuchungen über die zweckmäßige Wicklungsart von Leinengarnkreuzspulen unter Berücksichtigung der Anwendung hoher Geschwindigkeiten des Garnes
Vorversuche für Zetteln und Schären von Leinengarnen auf Hochleistungsmaschinen
1952, 48 Seiten, 7 Abb., 7 Tabellen, DM 9,25

HEFT 13
Techn.-Wissenschaftl. Büro für die Bastfaserindustrie, Bielefeld
Das Naßspinnen von Bastfasergarnen mit chemischen Zusätzen zum Spinnbad
1953, 52 Seiten, 4 Abb., 19 Tabellen, DM 10,—

HEFT 15
Wäschereiforschung Krefeld
Trocknen von Wäschestoffen. I. Lufttrocknung: Untersuchungen an Tumblern
1953, 40 Seiten, 14 Abb., 2 Tabellen, DM 9,—

HEFT 17
Ingenieurbüro Herbert Stein, M.-Gladbach
Untersuchung der Verzugsvorgänge in den Streckwerken verschiedener Spinnereimaschinen. 1. Bericht: Vergleichende Prüfung mit verschiedenen Dickenmeßgeräten
1952, 36 Seiten, 15 Abb., DM 8,—

HEFT 18
Wäschereiforschung Krefeld
Grundlagen zur Erfassung der chemischen Schädigung beim Waschen
1953, 68 Seiten, 15 Abb., 15 Tabellen, DM 12,75

HEFT 19
Techn.-Wissenschaftl. Büro für die Bastfaserindustrie, Bielefeld
Die Auswirkung des Schlichtens von Leinengarnketten auf den Verarbeitungswirkungsgrad sowie die Festigkeit und Dehnungsverhältnisse der Garne und Gewebe
1953, 48 Seiten, 1 Abb., 9 Tabellen, DM 9,—

HEFT 20
Techn.-Wissenschaftl. Büro für die Bastfaserindustrie, Bielefeld
Trocknung von Leinengarnen I
Vorgang und Einwirkung auf die Garnqualität
1953, 62 Seiten, 18 Abb., 5 Tabellen, DM 12,—

HEFT 21
Techn.-Wissenschaftl. Büro für die Bastfaserindustrie, Bielefeld
Trocknung von Leinengarnen II
Spulenanordnung und Luftführung beim Trocknen von Kreuzspulen
1953, 66 Seiten, 22 Abb., 9 Tabellen, DM 13,—

HEFT 22
Techn.-Wissenschaftl. Büro für die Bastfaserindustrie, Bielefeld
Die Reparaturanfälligkeit von Webstühlen
1953, 28 Seiten, 7 Abb., 5 Tabellen, DM 5,80

HEFT 26
Techn.-Wissenschaftl. Büro für die Bastfaserindustrie, Bielefeld
Vergleichende Untersuchungen zweier neuzeitlicher Ungleichmäßigkeitsprüfer für Bänder und Garne hinsichtlich ihrer Eignung für die Bastfaserspinnerei
1953, 64 Seiten, 30 Abb., DM 12,50

HEFT 29
Techn.-Wissenschaftl. Büro für die Bastfaserindustrie, Bielefeld
Die Ausnützung der Leinengarne in Geweben
1953, 100 Seiten, 14 Abb., 10 Tabellen, DM 17,80

HEFT 32
Techn.-Wissenschaftliches Büro für die Bastfaserindustrie, Bielefeld
Der Einfluß der Natriumchloritbleiche auf Qualität und Verwebbarkeit von Leinengarnen und die Eigenschaften der Leinengewebe unter besonderer Berücksichtigung des Einsatzes von Schützen- und Spulenwechselautomaten in der Leinenweberei
1953, 64 Seiten, 2 Abb., 12 Tabellen, DM 11,50

HEFT 34
Textilforschungsanstalt Krefeld
Quellungs- und Entquellungsvorgänge bei Faserstoffen
1953, 52 Seiten, 13 Abb., 13 Tabellen, DM 9,80

HEFT 35
Prof. Dr. W. Kast, Krefeld
Feinstrukturuntersuchungen an künstlichen Zellulosefasern verschiedener Herstellungsverfahren. Teil I: Der Orientierungszustand
1953, 74 Seiten, 30 Abb., 7 Tabellen, DM 13,80

HEFT 41
Techn.-Wissenschaftl. Büro für die Bastfaserindustrie, Bielefeld
Untersuchungsarbeiten zur Verbesserung des Leinenwebstuhles II
1953, 40 Seiten, 4 Abb., 5 Tabellen, DM 7,80

HEFT 63
Textilforschungsanstalt Krefeld
Neue Methoden zur Untersuchung der Wirkungsweise von Textilhilfsmitteln
Untersuchungen über Schlichtungs- und Entschlichtungsvorgänge
1954, 34 Seiten, 1 Abb., 5 Tabellen, DM 6,80

HEFT 64
Textilforschungsanstalt Krefeld
Die Kettenlängenverteilung von hochpolymeren Faserstoffen
Über die fraktionierte Fällung von Polyamiden
1954, 44 Seiten, 13 Abb., DM 8,60

HEFT 69
Wäschereiforschung Krefeld
Bestimmung des Faserabbaues bei Leinen unter besonderer Berücksichtigung der Leinengarnbleiche
1954, 48 Seiten, 15 Abb., 3 Tabellen, DM 9,60

HEFT 70
Wäschereiforschung Krefeld
Trocknen von Wäschestoffen. II. Kontakttrocknung: Untersuchungen über den Trockenvorgang und die Wäschebeanspruchung bei der Kontakttrocknung
1954, 42 Seiten, 18 Abb., 3 Tabellen, DM 10,—

HEFT 79
Techn.-Wissenschaftl. Büro für die Bastfaserindustrie, Bielefeld
Trocknung von Leinengarnen III
Spinnspulen- und Spinnkopstrocknung
Vorgang und Einwirkung auf die Garnqualität
1954, 74 Seiten, 18 Abb., 10 Tabellen, DM 14,—

HEFT 80
Techn.-Wissenschaftl. Büro für die Bastfaserindustrie, Bielefeld
Die Verarbeitung von Leinengarn auf Webstühlen mit und ohne Oberbau
1954, 30 Seiten, 2 Abb., 2 Tabellen, DM 6,—

HEFT 84
Dr. H. Baron, Düsseldorf
Über Standardisierung von Wundtextilien
1954, 32 Seiten, DM 6,40

HEFT 85
Textilforschungsanstalt Krefeld
Physikalische Untersuchungen an Fasern, Fäden, Garnen und Geweben:
Untersuchungen am Knickscheuergerät nach Weltzien
1954, 40 Seiten, 11 Abb., 8 Tabellen, DM 10,—

HEFT 92
Techn.-Wissenschaftl. Büro für die Bastfaserindustrie, Bielefeld und Institut für textile Meßtechnik, M.-Gladbach
Messungen von Vorgängen am Webstuhl
1954, 76 Seiten, 45 Abb., DM 15,50

HEFT 93
Prof. Dr. W. Kast, Krefeld
Spinnversuche zur Strukturerfassung künstlicher Zellulosefasern
1954, 82 Seiten, 39 Abb., 6 Tabellen, DM 16,—

HEFT 97
Ing. H. Stein, M.-Gladbach
Untersuchung der Verzugsvorgänge an den Streckwerken verschiedener Spinnereimaschinen
2. Bericht: Ermittlung der Haft-Gleiteigenschaften von Faserbändern und Vorgarnen
1955, 98 Seiten, 54 Abb., DM 21,—

HEFT 119
Dr.-Ing. O. Viertel, Krefeld
Wäscherei- und energietechnische Untersuchung einer Gemeinschafts-Waschanlage
1955, 50 Seiten, 18 Abb., DM 10,20

HEFT 159
Dr.-Ing. O. Viertel und O. Oldenroth, Krefeld
Das Bleichen von Weißwäsche mit Wasserstoffsuperoxyd bzw. Natriumhypochlorit beim maschinellen Waschen
1955, 54 Seiten, 23 Abb., 2 Tabellen, DM 11,45

HEFT 161
Prof. Dr. W. Weltzien und Dr. G. Hauschild, Krefeld
Über Silikone und ihre Anwendung in der Textilveredlung
1955, 162 Seiten, 22 Abb., 10 Tabellen, DM 27,—

HEFT 163
Dipl.-Ing. W. Rohs und Text.-Ing. H. Griese, Bielefeld
Untersuchungsarbeiten zur Verbesserung des Leinenwebstuhls III
1955, 80 Seiten, 15 Abb., 18 Tabellen, DM 15,80

HEFT 171
Wäschereiforschung Krefeld
Untersuchung der Wäscheentwässerung mit Hilfe von Zentrifugen und Pressen
1955, 42 Seiten, 16 Abb., 4 Tabellen, DM 9,70

HEFT 172
Dipl.-Ing. W. Rohs, Dr.-Ing. G. Satlow und Text.-Ing. G. Heller, Bielefeld
Trocknung von Hanfgarnen. Kreuzspultrocknung
1955, 60 Seiten, 7 Abb., 4 Tabellen, DM 10,30

HEFT 173
*Prof. Dr. R. Hosemann und Dipl.-Phys. G. Schoknecht, Berlin,
vorgelegt durch Prof. Dr. W. Kast, Krefeld*
Lichtoptische Herstellung und Diskussion der Faltungsquadrate parakristalliner Gitter
1956, 108 Seiten, 63 Abb., 6 Tabellen, DM 24,70

HEFT 185
Dipl.-Ing. W. Rohs und Text.-Ing. G. Heller, Bielefeld
Studien an einem neuzeitlichen Kreuzspultrockner für Bastfasergarne mit Wiederbefeuchtungszone
1955, 52 Seiten, 9 Abb., 3 Tabellen, DM 10,70

HEFT 196
Dipl.-Ing. W. Rohs und Text.-Ing. H. Griese, Bielefeld
Auswirkungen von Garnfehlern bei der Verarbeitung von Leinengarnen
1955, 24 Seiten, 3 Abb., 6 Tabellen, DM 7,80

HEFT 199
Textilforschungsanstalt Krefeld
Die Messung von Gewebetemperaturen mittels Temperaturstrahlung
1955, 50 Seiten, 12 Abb., DM 10,90

HEFT 226
Technisch-wissenschaftliches Büro für die Bastfaserindustrie, Bielefeld
Untersuchungen zur Verbesserung des Leinenwebstuhles IV
Die Wirkung verschiedener Kettbaumbremsen auf die Verwebung von Leinengarnen
1956, 64 Seiten, 9 Abb., 4 Tabellen, DM 13,50

HEFT 236
Dr.-Ing. O. Viertel und S. Lucas, Krefeld
Ergebnisse einer Hausfrauenbefragung über Wascheinrichtungen und Waschmethoden in städtischen Haushaltungen
1956, 34 Seiten, 4 Abb., DM 7,60

HEFT 238
Institut für textile Meßtechnik e. V., M.-Gladbach
Untersuchungen der Verzugsvorgänge an den Streckwerken verschiedener Spinnereimaschinen. 3. Bericht: Theoretische Betrachtungen über den Einfluß schlagender Zylinder und Druckrollen
1956, 66 Seiten, 21 Abb., DM 14,10

HEFT 260
Prof. Dr. A. H. Stuart und Dipl.-Phys. H. G. Fendler, Hannover
Lichtzerstreuungsmessungen an Lösungen hochpolymerer Stoffe
1956, 70 Seiten, 20 Abb., 5 Tabellen, DM 15,60

HEFT 261
Prof. Dr. W. Kast, Freiburg (Br.)
Feinstruktur-Untersuchungen an künstlichen Zellulosefasern verschiedener Herstellungsverfahren.
Teil II: Der Kristallisationszustand
1956, 80 Seiten, 27 Abb., 11 Tabellen, DM 17,20

HEFT 273
Fa. K. H. W. Tacke G.m.b.H., Wuppertal-Barmen
Erfahrungen beim Verspinnen von Perlonfasern und bei der Herstellung von Trikotagen aus gesponnenem Perlon
1956, 36 Seiten, DM 7,90

HEFT 292
Dipl.-Ing. W. Rohs und Text.-Ing. H. Griese, Bielefeld
Webversuche an Leinenwebstühlen mit verbesserter Schaftbewegung
1956, 34 Seiten, 3 Abb., 2 Tabellen, DM 7,60

HEFT 301
Prof. Dr. W. Weltzien, Dr. G. Cossmann und P. Diehl, Krefeld
Über die fraktionierte Fällung von Polyamiden (II)
1956, 54 Seiten, 1 Abb., 16 Tabellen, DM 11,30

HEFT 302
Prof. Dr.-Ing. W. Wegener und Dipl.-Ing. W. Zahn, Aachen
Untersuchungen von gesponnenen Garnen auf ihre Gleichmäßigkeit nach verschiedenen Meßmethoden
1957, 58 Seiten, 34 Abb., DM 15,20

HEFT 307
Privat-Doz. Dr. J. Juilfs, Krefeld
Vergleichende Untersuchungen zur elastischen und bleibenden Dehnung von Fasern
1956, 36 Seiten, 11 Abb., DM 8,30

HEFT 308
Privat.-Doz. Dr. J. Juilfs, Krefeld
Zur Messung der Fadenglätte
1956, 22 Seiten, 10 Abb., 2 Tabellen, DM 8,—

HEFT 338
Prof. Dr.-Ing. W. Wegener Aachen, und Dipl.-Ing. J. Schneider, M.-Gladbach
Die Bedeutung der Knotenart für die Herabminderung der Fadenbrüche
1957, 40 Seiten, 6 Abb., 17 Tabellen, DM 9,80

HEFT 339
Prof. Dr.-Ing. W. Wegener und Dipl.-Ing. W. Zahn, Aachen
Vergleich des normalen mit verschiedenen abgekürzten Baumwollspinnverfahren in bezug auf Gleichmäßigkeit und Sortierungsstreuung der Garne
1956, 36 Seiten, 17 Abb., 17 Tabellen, DM 12,70

HEFT 340
Dipl.-Ing. W. Rohs und Dipl.-Ing. R. Otto, Bielefeld
Das Naßspinnen von Bastfasergarnen mit Spinnbadzusätzen unter Ausnutzung einer zentralen Spinnwasserversorgungsanlage
1956, 56 Seiten, 2 Abb., 6 Tabellen, DM 11,60

HEFT 358
Prof. Dr. rer. nat. W. Weltzien, Dipl.-Chem. P. Ringel und Text.-Ing. H. Kirchhoff, Krefeld
Die Waschechtheit von Färbungen. Vergleichende Untersuchungen auf dem Gebiete der Echtheitsprüfung
1958, 26 Seiten, 12 Farbtafeln, DM 58,—

HEFT 378
Oberingenieur H. Stein, M.-Gladbach
Beobachtung und maßtechnische Erfassung der Vorgänge im Spinn- und Aufwindefeld von Ringspinn- und Ringzwirnmaschinen
1957, 104 Seiten, 88 Abb., 3 Tabellen, DM 26,90

HEFT 379
Institut für textile Meßtechnik, M.-Gladbach
Schußfadenspannung beim Weben
1957, 76 Seiten, 17 Abb., 47 Diagramme, 3 Tabellen, DM 18,60

HEFT 381
Priv.-Doz. Dr. habil. J. Juilfs, Krefeld
Zur Dichtebestimmung von Fasern. Methoden und Beispiele der praktischen Anwendung
1957, 76 Seiten, 34 Abb., 18 Tabellen, DM 17,—

HEFT 393
Dr.-Ing. O. Viertel und S. Brückner-Lucas, Krefeld
Arbeitszeitstudien an Haushaltwaschmaschinen
1957, 74 Seiten, 8 Abb., 13 Tabellen, DM 17,30

HEFT 397
Dipl.-Ing. W. Rohs und Dipl.-Ing. R. Otto, Bielefeld
Ungleichmäßigkeiten in Bändern von Bastfaserkarden, ihre Ursachen und Auswirkungen
1957, 60 Seiten, 18 Abb., 42 Diagramme, DM 14,80

HEFT 433
Dr.-Ing. G. Satlow, Aachen
Über einige physikalische und chemische Eigenschaften der Wolle von der gewaschenen Wolle bis zum Kammzug
1957, 72 Seiten, 15 Abb., 19 Tabellen, DM 15,25

HEFT 434
Dipl.-Ing. W. Rohs und Dr. I. Geurten, Bielefeld
Schlichten für Baumwollgarne
1957, 96 Seiten, 3 Abb., zahlreiche Tabellen, DM 23,70

HEFT 435
Dipl.-Ing. W. Rohs und Dipl.-Ing. L. Steinmetz, Bielefeld
Die Masseungleichmäßigkeit von Flachstreckenbändern in Abhängigkeit von Verzug und Dopplung
1957, 42 Seiten, 4 Abb., 2 Tabellen, DM 9,90

HEFT 436
Priv.-Doz. Dr. habil. J. Juilfs, Krefeld
Zur Bestimmung der Reißlast (Zugfestigkeit) von Fasern, Fäden und Garnen
1959, 26 Seiten, 7 Abb., 5 Tabellen, DM 8,60

HEFT 442
Dipl.-Ing. W. Rohs, Text.-Ing. H. Griese und Text.-Ing. W. Lauer, Bielefeld
Die Auswirkungen der Trocknungsart naßgesponnener Leinengarne auf deren Verarbeitungswirkungsgrad sowie auf die Festigkeits- und Dehnungseigenschaften der Garne und Gewebe
1957, 28 Seiten, 2 Abb., 3 Tabellen, DM 6,50

HEFT 452
Prof. Dr. rer. nat. W. Weltzien und Dr. phil. K. Windeck, Krefeld
Veränderungen an Fasern bei der Bleiche mit Natriumchlorid und über einige Vergilbungserscheinungen
1957, 64 Seiten, 3 Abb., 13 Tabellen, DM 14,85

HEFT 479
Prof. Dr.-Ing. W. Wegener, Aachen und Dipl.-Ing. H. Fourné, Bochum
Ursachen des Überschreitens der Toleranzgrenze nach oben oder unten (Meter pro Gramm) an der Strecke
1958, 60 Seiten, 17 Abb., 3 Tabellen, DM 14,60

HEFT 494
Dipl.-Ing. W. Rohs und Text.-Ing. H. Griese, Bielefeld
Entwicklung und Erprobung eines verbesserten elektrischen Kettfadenwächtergeschirrs für die Leinen- und Halbleinenweberei
1957, 56 Seiten, 9 Abb., 11 Tabellen, DM 13,—

HEFT 496
Dipl.-Chem. P. Vogel, Krefeld
Färberische Eigenschaften von zur Herstellung von Verdickungen in der Stoffdruckerei bestimmten Stoffen
1957, 38 Seiten, 3 Abb., 3 Tabellen, DM 9,30

HEFT 498
Prof. Dr.-Ing. H. Zahn und Dr. rer. nat. W. Gerstner, Aachen
Herstellung säurefester technischer Gewebe
1957, 40 Seiten, 8 Tabellen, DM 9,65

HEFT 499
Priv.-Doz. Dr. J. Juilfs, Krefeld
Die Bestimmung des Wasserrückhaltevermögens (bzw. des Quellwertes) von Fasern
1958, 42 Seiten, 8 Abb., 8 Tabellen, DM 10,35

HEFT 500
Priv.-Doz. Dr. habil. J. Juilfs, Krefeld
Vergleichende Untersuchungen am Schopper-Scheuerprüfgerät
1958, 60 Seiten, 34 Abb., verschied. Tabellen, DM 18,10

HEFT 501
Dipl.-Ing. W. Rohs und Dr. I. Geurten, Bielefeld
Untersuchungen in der Leinengarnbleiche
1958, 50 Seiten, 5 Abb., 5 Tabellen, DM 11,50

HEFT 587
Dipl.-Ing. H. Schmidt, Krefeld
Auswirkung der Strömungsverhältnisse in Trommelwaschmaschinen unter besonderer Berücksichtigung des Durchlaufspülens
1958, 20 Seiten, 8 Abb., DM 8,45

HEFT 609
Dipl.-Ing. W. Rohs und Dipl.-Ing. L. Steinmetz, Technisch-Wissenschaftliches Büro für die Bastfaserindustrie, Bielefeld
Verteilung der Bastfasern im Verzugsfeld einer Nadelstabstrecke
1958, 42 Seiten, 10 Abb., 2 Tabellen, DM 13,45

HEFT 614
Prof. Dr. W. Weltzien, Priv.-Dozent Dr. rer. nat. habil. J. Juilfs und Dr. rer. nat. W. Bubser, Krefeld
Die Textilforschungsanstalt Krefeld 1920—1958
Ein Bericht zur Einweihung ihres Neubaus Frankenring 2
1958, 78 Seiten, 11 Abb., 5 Baupläne, DM 23,80

HEFT 621
Techn.-Wissensch. Büro für die Bastfaserindustrie, Bielefeld
Untersuchungen zur Verbesserung des Leinenwebstuhles V
1958, 42 Seiten, 6 Abb., 8 Tabellen, DM 11,30

HEFT 632
Prof. Dr.-Ing. W. Wegener, Aachen
Aufstellung und Vergleich von Variance-within- und Variance-between-Kurven von Garnen, die nach verschiedenen Spinnverfahren hergestellt werden
1958, 72 Seiten, 35 Abb., DM 19,10

HEFT 633
Prof. Dr.-Ing. W. Wegener und Dipl.-Ing. E. Haase-Deyerling, Aachen
Entwicklung und Bau eines vollautomatischen Faserlängenprüfgerätes (Stapelprüfgerät) auf kapazitiver Grundlage, Erprobungen dieses Gerätes und Vergleich mit den bislang üblichen Verfahren auf manueller Basis
1958, 32 Seiten, 15 Abb., 5 Tabellen, DM 10,10

HEFT 654
*Obering. H. Stein und Text.-Ing. H. v. d. Weyden
Institut für textile Meßtechnik, M.-Gladbach
Dipl.-Ing. Waldemar Rohs und Text.-Ing. H. Griese
Techn.-Wissenschaftl. Büro für die Bastfaserindustrie Bielefeld*
Untersuchungen an Spulvorrichtungen in der Leinen- und Halbleinenweberei
1958, 98 Seiten, 29 Abb., DM 23,80

HEFT 674
Dipl.-Ing. W. Rohs, Bielefeld
Die Ausnutzung der Garnfestigkeit in Halbleinengeweben
1958, 60 Seiten, 6 Abb., DM 14,30

HEFT 699
Dr.-Ing. Erich Wagner, Wuppertal
Studium der Drehungsverhältnisse an Perlon und Nylongarnen zur Herstellung von Strumpfgewirken
1959, 30 Seiten, 11 Abb., DM 9,20

HEFT 700
Oberingenieur H. Stein, M.-Gladbach
Zugprüfungen an Textilien mit einer weglosen, elektronischen Kraftmeßeinrichtung
1958, 103 Seiten, 62 Abb., 3 Tabellen, DM 32,—

HEFT 722
Dr.-Ing. O. Viertel, und Eva Malz, Krefeld
Mechanische Wäschebeanspruchung und Waschwirkung in Rührwerkmaschinen
1959, 59 Seiten, 25 Abb., 23 Tabellen, DM 16,50

HEFT 730
Obering. H. Stein und Dipl.-Phys. S. Hobe, M.-Gladbach
Gerät zum Auffinden von Fadenverdickungen bei hohen Prüfgeschwindigkeiten
1959, 56 Seiten, 28 Abb., 2 Tabellen, DM 14,80

HEFT 731
Dr.-Ing. G. Satlow, Aachen
Hautwolle und Schurwolle. Eine Gegenüberstellung ihrer wichtigsten chemischen und physikalischen Eigenschaften
1959, 96 Seiten, 4 Abb., 31 Tabellen, DM 23,60

HEFT 732
Dipl.-Ing. W. Rohs und Dipl.-Ing. R. Otto, Bielefeld
Messung von Verzugskräften in Nadelfeldern von Bastfaserstrecken
1959, 40 Seiten, 9 Abb., 4 Tabellen, DM 11,60

HEFT 749
Dipl.-Ing. W. Rohs und Text.-Ing. H. Griese, Bielefeld
Einfluß verschiedener Webfaktoren auf die Krumpfung von Halbleinen- und Baumwollgeweben
1959, 28 Seiten, 2 Abb., 10 Tabellen, DM 8,60

HEFT 761
Dr. I. Lambrinou-Geurten, Bielefeld
Untersuchungen zur rationellen Durchfärbbarkeit von Bastfasergarnen
1959, 54 Seiten, 1 Abb., 16 Tabellen, DM 14,10

HEFT 790
Prof. Dr. W. Kast, Freiburg (Breisgau)
Fließvorgänge in der Spinndüse und dem Blaukonus des Cuoxam-Verfahrens
1960, 131 Seiten, 59 Abb., 37 Tabellen, DM 36,50

HEFT 816
Dr. rer. nat. H. Pfannmüller, Textilchemikerin M. Pfannmüller und Prof. Dr.-Ing. H. Zahn, Aachen
Die Bewetterung chemisch modifizierter Wollgarne
1960, 28 Seiten, DM 10,10

HEFT 817
Dr. rer. nat. H. Kessler, Aachen
Die Zwei- und Dreifaseranalyse auf Grund der Bestimmung von Cystin und Stickstoff
1960, 28 Seiten, DM 8,70

HEFT 818
Prof. Dr.-Ing. W. Wegener, Aachen
Grundlegende Untersuchungen zur Frage der Spinnaviivierung von Rohbaumwolle
1959, 33 Seiten, DM 10,70

HEFT 839
Prof. Dr. J. Juilfs, Krefeld
Zur Bestimmung der Absolutdichte von Fasern
1960, 24 Seiten, 5 Abb., 3 Tabellen, DM 8,10

HEFT 846
Oberingenieur H. Stein und Ing. Eidelsburger, Mönchengladbach
Untersuchungen an Baumwollkarden zwecks Ermittlung der Fehlerursachen für Dickeschwankungen
1960, 46 Seiten, 23 Abb., DM 14,30

HEFT 850
Dr.-Ing. O. Viertel, Krefeld
Maßänderung und Faserbeanspruchung von Wäschestoffen bei verschiedenen Trocknungsverfahren
1960, 34 Seiten, 9 Abb., 12 Tabellen, DM 10,70

HEFT 865
Textil-Ing. J. Ilg, Krefeld
Ermittlung des Gebrauchswertes von Handtüchern verschiedener Qualität
1960, 45 Seiten, 6 Abb., 22 Tabellen, DM 13,20

HEFT 869
Dipl.-Ing. W. Rohs und Textil-Ing. H. Griese, Bielefeld
Zusammenwirken von Kett- und Schußfadenspannungen und ihr Einfluß auf den Gewebeausfall
1960, 32 Seiten, 4 Abb., 6 Tabellen, DM 9,90

HEFT 879
Dipl.-Chem. Dr. H. G. Fröhlich, Mönchengladbach
Einsatz von künstlichen Eiweißfasern in Mischung mit Wolle und Kaninhaar zur Herstellung von Hutfilzen
1960, 42 Seiten, 15 Abb., 10 Tabellen, DM 12,90

HEFT 885
Dr. J. Lambrinou, Krefeld
Einfluß von Fettzusätzen auf das rheologische Verhalten von Schlichteflotten
1960, 58 Seiten, 18 Abb., 3 Tabellen, DM 16,50

HEFT 892
Dipl.-Ing. H. Schmidt, Krefeld
Untersuchung über die Wäschebewegung in Trommelwaschmaschinen unter besonderer Berücksichtigung der Reinigungswirkung und des Faserabriebs
1960, 28 Seiten, 9 Abb., DM 9,—

HEFT 896
Prof. Dr.-Ing. W. Wegener, Aachen
Einfluß der höheren Vorgarndrehung geflyerter Lunten auf die Ungleichmäßigkeit und die dynamometrischen Eigenschaften des fertigen Garnes
1960, 28 Seiten, 12 Abb., 3 Tabellen, DM 9,20

HEFT 897
Prof. Dr.-Ing. W. Wegener und Dipl.-Ing. D. Quambusch, Aachen
Zusammenhang zwischen dem Raumklima und der elektrostatischen Aufladung des Spinnmaterials

---

Volks- und betriebswirtschaftliche Untersuchungen auf dem Textilgebiet

HEFT 186
Dr. E. Wedekind, Krefeld
Untersuchungen zur Arbeitsbestgestaltung bei der Fertigstellung von Oberhemden in gewerblichen Wäschereien
1955, 124 Seiten, 28 Abb., 6 Tabellen, 2 Falttafeln, DM 12,—

HEFT 197
Dr. E. Wedekind, Krefeld
Untersuchungen zur Bestimmung der optimalen Arbeitsplatzgröße bei Mehrstuhlarbeit in der Weberei
1955, 92 Seiten, 34 Abb., DM 18,50

HEFT 222
Dr. L. Köllner, Münster und Dipl.-Volkswirt M. Kaiser, Bochum
Die internationale Wettbewerbsfähigkeit der westdeutschen Wollindustrie
1956, 214 Seiten, 5 Abb., DM 39,50

HEFT 323
Prof. Dr. R. Seyffert, Köln
Wege und Kosten der Distribution der Textilien, Schuh- und Lederwaren
1956, 98 Seiten, 37 Tabellen, 1 Falttafel, DM 12,—

HEFT 607
Dr. H. Schlachter, Münster
Die Wettbewerbslage der westdeutschen Juteindustrie
1958, 137 Seiten, 35 Tab., DM 32,—

HEFT 631
Dr. E. Wedekind, Krefeld
Der Einfluß der Automatisierung auf die Struktur der Maschinen und Arbeiterzeiten am mehrstelligen Arbeitsplatz in der Textilindustrie
1958, 86 Seiten, 34 Abb., DM 21,10

HEFT 715
Dr. E. Wedekind, Krefeld
Die Auftragsplanung und Arbeitsorganisation in gewerblichen Wäschereien
1959, 116 Seiten, 25 Abb., DM 29,50

HEFT 819
Dipl.-Volkswirt Dr. H. H. Kaup, Münster
Einkommen und Textilverbrauch
1960, 92 Seiten, 34 Tabellen, DM 23,20

HEFT 826
Wäschereiforschung Krefeld e. V.
Arbeitszeitstudien an Haushaltsbottichwaschmaschinen gleicher Art und Größe mit verschiedener Ausstattung
1960, 37 Seiten, 10 Abb., 4 Tabellen, DM 12,20

HEFT 827
Dr.-Ing. E. Sattler, Verband Deutscher Streichgarnspinner, Düsseldorf
Disposition mit Arbeitsvorbereitung und Vertriebsvorbereitung in der einstufigen (Verkaufs-) Streichgarnspinnerei
1960, 60 Seiten, DM 15,90

HEFT 828
C. Brzeskiewicz, Verband der Deutschen Tuch- und Kleiderstoffindustrie e. V., Köln, im Verein mit dem Ausschuß für wirtschaftliche Fertigung e. V., Düsseldorf
Disposition mit Arbeitsvorbereitung und Vertriebsvorbereitung in der Tuch- und Kleiderstoffindustrie
1960, 67 Seiten, 8 Anlagen, DM 17,90

HEFT 847
Oberingenieur H. Stein und Ing. M. Eidelsburger, Mönchengladbach
Untersuchungen über den Ablauf der Arbeitsvorgänge bei Schlagmaschinen in Baumwoll- und Zellwollaufbereitungsanlagen
1960, 54 Seiten, 29 Abb., DM 16,70

HEFT 874
Dr. E. Wedekind und Textil-Ing. H. Kokerbeck, Krefeld
Untersuchungen über rationelle Arbeitsweisen bei Preß- und Bügelvorgängen in Chemisch-Reinigungsbetrieben
1960, 102 Seiten, 17 Abb., zahlr. Tabellen, DM 26,50

Ein Gesamtverzeichnis der Forschungsberichte, die folgende Gebiete umfassen, kann bei Bedarf vom Verlag angefordert werden:
Acetylen / Schweißtechnik – Arbeitspsychologie und -wissenschaft – Bau / Steine / Erden – Bergbau – Biologie – Chemie – Eisenverarbeitende Industrie – Elektrotechnik / Optik – Fahrzeugbau – Gasmotoren – Farbe / Papier / Photographie – Fertigung – Gaswirtschaft – Hüttenwesen / Werkstoffkunde – Luftfahrt / Flugwissenschaften – Maschinenbau – Medizin / Pharmakologie / Physiologie – NE-Metalle – Physik – Schall / Ultraschall – Schiffahrt – Textiltechnik / Faserforschung / Wäschereiforschung – Turbinen – Verkehr – Wirtschaftswissenschaften.

If you have any concerns about our products,
you can contact us on
ProductSafety@springernature.com

In case Publisher is established outside the EU,
the EU authorized representative is:
**Springer Nature Customer Service Center GmbH
Europaplatz 3, 69115 Heidelberg, Germany**

Printed by Libri Plureos GmbH
in Hamburg, Germany